U0291654

住房和城乡建设领域专业人员岗位培训考核系列用书

# 机械员专业管理实务

（第二版）

江苏省建设教育协会　组织编写

中国建筑工业出版社

**图书在版编目（CIP）数据**

机械员专业管理实务/江苏省建设教育协会组织编写. —2 版. —北京：中国建筑工业出版社，2016. 7
住房和城乡建设领域专业人员岗位培训考核系列用书
ISBN 978-7-112-19538-1

Ⅰ. ①机… Ⅱ. ①江… Ⅲ. ①建筑机械-岗位培训-教材 Ⅳ. ①TU6

中国版本图书馆 CIP 数据核字（2016）第 146523 号

本书作为《住房和城乡建设领域专业人员岗位培训考核系列用书》中的一本，依据《建筑与市政工程施工现场专业人员职业标准》JGJ/T 250—2011、《建筑与市政工程施工现场专业人员考核评价大纲》及全国住房和城乡建设领域专业人员岗位统一考核评价题库编写。全书共 16 章，内容包括：机械管理相关的管理规定和标准，施工机械设备的购置、租赁，施工机械设备安全运行、维护保养的基本知识，施工机械设备常见故障、事故原因和排除方法，施工机械设备的成本核算方法，施工临时用电安全技术规范和机械设备用电知识，施工机械设备管理计划，施工机械设备的选型和配置，特种设备安装、拆卸工作的安全监督检查，特种设备安全技术交底等等。本书既可作为机械员岗位培训考核的指导用书，又可作为施工现场相关专业人员的实用工具书，也可供职业院校师生和相关专业人员参考使用。

责任编辑：杨　杰　刘　江　岳建光　范业庶
责任校对：王宇枢　李美娜

住房和城乡建设领域专业人员岗位培训考核系列用书
**机械员专业管理实务（第二版）**
江苏省建设教育协会　组织编写
*
中国建筑工业出版社出版、发行（北京西郊百万庄）
各地新华书店、建筑书店经销
霸州市顺浩图文科技发展有限公司制版
北京京华铭诚工贸有限公司印刷
*
开本：787×1092 毫米　1/16　印张：12½　字数：301 千字
2016 年 9 月第二版　2018 年 2 月第九次印刷
定价：**32.00** 元
ISBN 978-7-112-19538-1
（28781）

住房和城乡建设领域专业人员岗位培训考核系列用书

# 编审委员会

# 出版说明

为加强住房和城乡建设领域人才队伍建设，住房和城乡建设部组织编制并颁布实施了《建筑与市政工程施工现场专业人员职业标准》JGJ/T 250—2011（以下简称《职业标准》），随后组织编写了《建筑与市政工程施工现场专业人员考核评价大纲》（以下简称《考核评价大纲》），要求各地参照执行。为贯彻落实《职业标准》和《考核评价大纲》，受江苏省住房和城乡建设厅委托，江苏省建设教育协会组织了具有较高理论水平和丰富实践经验的专家和学者，编写了《住房和城乡建设领域专业人员岗位培训考核系列用书》（以下简称《考核系列用书》），并于2014年9月出版。《考核系列用书》以《职业标准》为指导，紧密结合一线专业人员岗位工作实际，出版后多次重印，受到业内专家和广大工程管理人员的好评，同时也收到了广大读者反馈的意见和建议。

根据住房和城乡建设部要求，2016年起将逐步启用全国住房和城乡建设领域专业人员岗位统一考核评价题库，为保证《考核系列用书》更加贴近部颁《职业标准》和《考核评价大纲》的要求，受江苏省住房和城乡建设厅委托，江苏省建设教育协会组织业内专家和培训老师，在第一版的基础上对《考核系列用书》进行了全面修订，编写了这套《住房和城乡建设领域专业人员岗位培训考核系列用书（第二版）》（以下简称《考核系列用书（第二版）》）。

《考核系列用书（第二版）》全面覆盖了施工员、质量员、资料员、机械员、材料员、劳务员、安全员、标准员等《职业标准》和《考核评价大纲》涉及的岗位（其中，施工员、质量员分为土建施工、装饰装修、设备安装和市政工程四个子专业）。每个岗位结合其职业特点以及培训考核的要求，包括《专业基础知识》、《专业管理实务》和《考试大纲·习题集》三个分册。

《考核系列用书（第二版）》汲取了第一版的优点，并综合考虑第一版使用中发现的问题及反馈的意见、建议，使其更适合培训教学和考生备考的需要。《考核系列用书（第二版）》系统性、针对性较强，通俗易懂，图文并茂，深入浅出，配以考试大纲和习题集，力求做到易学、易懂、易记、易操作。既是相关岗位培训考核的指导用书，又是一线专业岗位人员的实用工具书；既可供建设单位、施工单位及相关高职高专、中职中专学校教学培训使用，又可供相关专业人员自学参考使用。

《考核系列用书（第二版）》在编写过程中，虽然经多次推敲修改，但由于时间仓促，加之编著水平有限，如有疏漏之处，恳请广大读者批评指正（相关意见和建议请发送至JYXH05@163.com），以便我们认真加以修改，不断完善。

# 本书编写委员会


主　　编：马　记

副 主 编：温锦明　王晓峰

编写人员：马夫华　潘　磊　蔡同章

# 第二版前言

根据住房和城乡建设部的要求，2016 年起将逐步启用全国住房和城乡建设领域专业人员岗位统一考核评价题库，为更好贯彻落实《建筑与市政工程施工现场专业人员职业标准》JGJ/T 250—2011，保证培训教材更加贴近部颁《建筑与市政工程施工现场专业人员考核评价大纲》的要求，受江苏省住房和城乡建设厅委托，江苏省建设教育协会组织业内专家和培训老师，在《住房和城乡建设领域专业人员岗位培训考核系列用书》第一版的基础上进行了全面修订，编写了这套《住房和城乡建设领域专业人员岗位培训考核系列用书（第二版）》（以下简称《考核系列用书（第二版）》），本书为其中的一本。

机械员培训考核用书包括《机械员专业基础知识》（第二版）、《机械员专业管理实务》（第二版）、《机械员考试大纲·习题集》（第二版）三本，反映了国家现行规范、规程、标准，并以国家现行技术与管理规范为主线，不仅涵盖了现场机械管理人员应掌握的通用知识、基础知识、岗位知识和专业技能，还涉及新技术、新设备、新工艺、新材料等方面的知识。

本书为《机械员专业管理实务》（第二版）分册，全书共 16 章，内容包括：机械管理相关的管理规定和标准，施工机械设备的购置、租赁，施工机械设备安全运行、维护保养的基本知识，施工机械设备常见故障、事故原因和排除方法，施工机械设备的成本核算方法，施工临时用电安全技术规范和机械设备用电知识，施工机械设备管理计划，施工机械设备的选型和配置，特种设备安全、拆卸工作的安全监督检查，特种设备安全技术交底等等。

本书既可作为机械员岗位培训考核的指导用书，又可作为施工现场相关专业人员的实用工具书，也可供职业院校师生和相关专业人员参考使用。

# 第一版前言

为贯彻落实住房城乡建设领域专业人员新颁职业标准，受江苏省住房和城乡建设厅委托，江苏省建设教育协会组织编写了《住房和城乡建设领域专业人员岗位培训考核系列用书》，本书为其中的一本。

机械员培训考核用书包括《机械员专业基础知识》、《机械员专业管理实务》、《机械员考试大纲·习题集》三本，以现行国家规范、规程、标准为依据，以机械应用、机械管理为主线，内容不仅涵盖了现场机械管理人员应掌握的通用知识、基础知识和岗位知识，还涉及新设备、新工艺等方面的知识等。

本书为《机械员专业管理实务》分册。全书共分7章，内容包括：施工企业机械设备管理；建筑起重机械的安装、检验、评估与使用；建筑机械的管理；建筑机械安全用电；建筑机械安全事故预防与处理；建筑机械管理人员的素质培养；建筑机械事故案例。

本书部分内容参考了江苏省建设专业管理人员岗位培训教材，对原培训教材作者的辛勤劳动和对本书出版工作的支持表示衷心感谢！

本书既可作为机械员岗位培训考核的指导用书，又可作为施工现场相关专业人员的实用手册，也可供职业院校师生和相关专业技术人员参考使用。

# 目 录

# 第1章　机械管理相关的管理规定和标准

## 1.1　建筑施工机械安全监督管理的有关规定

### 1.1.1　特种设备租赁、使用的管理规定

**1. 特种设备**

建筑工地上使用的起重机械是用于垂直、水平运输的一类机械的统称，其种类繁多、形式各异。其中一些种类的起重机械，如塔式起重机等，如果使用、管理不当，会造成巨大的经济损失，危害生命安全。涉及生命安全、危险性较大的锅炉、压力容器（含气瓶，下同）、压力管道、电梯、起重机械、客运索道、大型游乐设施和场（厂）内专用机动车辆称为特种设备。起重机械是其中的一类。

为规范管理特种设备，国家出台了《中华人民共和国特种设备安全法》、《特种设备安全监察条例》，对特种设备的生产（含设计、制造、安装、改造、修理）、经营、使用、检验、检测及特种设备安全的监督管理均做出了详细规定。

《中华人民共和国特种设备安全法》规定："房屋建筑工地、市政工程工地用起重机械和场（厂）内专用机动车辆的安装、使用的监督管理，由有关部门依照本法和其他有关法律的规定实施。"建筑起重机械在遵守本法的同时，按照其管理的隶属关系，还要遵守管理部门法规的规定。

《特种设备安全监察条例》规定："房屋建筑工地和市政工程工地用起重机械、场（厂）内专用机动车辆的安装、使用的监督管理，由建设行政主管部门依照有关法律、法规的规定执行。"

按照条例规定，房屋建筑工地和市政工程工地用起重机械安装、使用的监督管理，由建设行政主管部门实施。国家质检总局和地方质监部门应对房屋建筑工地和市政工程工地用起重机械除安装、使用以外的其他环节，依据条例实施安全监察，包括设计、制造的安全监督管理，检验检测机构的核准，事故调查和处理等工作。

对于同时用于房屋建筑工地和市政工程工地内外的起重机械，国家质检总局和地方质监部门应当按照条例的规定，对其生产、使用、检验检测以及事故调查处理等实施安全监察。

为配合法律、条例的实施，便于特种设备的识别，2014年国家质量监督检验检疫总局修编了《特种设备名录》，明确规定了特种设备的种类、类别、品种。

为了加强建筑起重机械的安全监督管理，防止和减少生产安全事故，保障人民群众生命和财产安全，原建设部制定了《建筑起重机械安全监督管理规定》。

建筑起重机械，是指纳入特种设备名录，在房屋建筑工地和市政工程工地安装、拆

卸、使用的起重机械。按照特种设备名录分类，常见的建筑起重机械包括：通用门式起重机（代码4210）、普通塔式起重机（代码4310）、施工升降机（代码4860）、简易升降机（代码4870）等。

建筑起重机械的租赁、安装、拆卸、使用及其监督管理，适用《中华人民共和国特种设备安全法》、《建筑起重机械安全监督管理规定》及相关法律法规。

建筑起重机械是施工机械中的一类。建筑起重机械的资产管理方法与其他施工机械相同；其租赁、安装、拆卸、使用管理必须执行《建筑起重机械安全监督管理规定》。

**2. 特种设备的租赁管理**

(1) 特种设备的租赁

特种设备的租赁应执行施工机械租赁的规定。《建设工程安全生产管理条例》对施工机械租赁，作出了如下规定：

第十五条 为建设工程提供机械设备和配件的单位，应当按照安全施工的要求配备齐全有效的保险、限位等安全设施和装置。

第十六条 出租的机械设备和施工机具及配件，应当具有生产（制造）许可证、产品合格证。

出租单位应当对出租的机械设备和施工机具及配件的安全性能进行检测，在签订租赁协议时，应当出具检测合格证明。

禁止出租检测不合格的机械设备和施工机具及配件。

(2) 特种设备租赁的特殊要求

1) 出租单位出租的施工机械必须“三证”齐全

根据《建筑起重机械安全监督管理规定》第四条：出租单位出租的建筑起重机械和使用单位购置、租赁、使用的建筑起重机械应当具有特种设备制造许可证、产品合格证、制造监督检验证明。出租单位出租的施工机械必须“三证”齐全，才能进入施工现场。

2) 出租单位要在租赁合同中明确租赁双方的安全责任

《建筑起重机械安全监督管理规定》第六条规定：出租单位应当在签订的建筑起重机械租赁合同中，明确租赁双方的安全责任，并出具建筑起重机械特种设备制造许可证、产品合格证、制造监督检验证明、备案证明和自检合格证明，提交安装使用说明书。明确租赁双方的安全责任，权利和义务，能有效避免合同纠纷，化解矛盾。

3) 五种情形的施工机械不得出租使用

《建筑起重机械安全监督管理规定》第七条规定，有下列情形之一的建筑起重机械，不得出租、使用：

（一）属国家明令淘汰或者禁止使用的；

（二）超过安全技术标准或者制造厂家规定的使用年限的；

（三）经检验达不到安全技术标准规定的；

（四）没有完整安全技术档案的；

（五）没有齐全有效的安全保护装置的。

如果违反上述规定，造成事故应承担法律责任。

(3) 特种设备租赁的形式

特种设备与机械设备的租赁形式、管理要点相同，租赁分为内部租赁和社会租赁两种形式。

**3. 特种设备的使用管理**

（1）管理规定

《建设工程安全生产管理条例》对施工机械使用，作出了如下规定：

第三十三条　作业人员应当遵守安全施工的强制性标准、规章制度和操作规程，正确使用安全防护用具、机械设备等。

第三十四条　施工单位采购、租赁的安全防护用具、机械设备、施工机具及配件，应当具有生产（制造）许可证、产品合格证，并在进入施工现场前进行查验。

施工现场的安全防护用具、机械设备、施工机具及配件必须由专人管理，定期进行检查、维修和保养，建立相应的资料档案，并按照国家有关规定及时报废。

第三十五条　施工单位在使用施工起重机械和整体提升脚手架、模板等自升式架设设施前，应当组织有关单位进行验收，也可以委托具有相应资质的检验检测机构进行验收。使用承租的机械设备和施工机具及配件的，由施工总承包单位、分包单位、出租单位和安装单位共同进行验收。验收合格的方可使用。

《特种设备安全监察条例》规定：施工起重机械，在验收前应当经由相应资质的检验检测机构监督检验合格。

施工单位应当自施工起重机械和整体提升脚手架、模板等自升式架设设施验收合格之日起30日内，向建设行政主管部门或者其他有关部门登记。登记标志应当置于或者附着于该设备的显著位置。

《建筑起重机械安全监督管理规定》对建筑起重机械使用，作出了如下规定：

第十六条　建筑起重机械安装完毕后，使用单位应当组织出租、安装、监理等有关单位进行验收，或者委托具有相应资质的检验检测机构进行验收。建筑起重机械经验收合格后方可投入使用，未经验收或者验收不合格的不得使用。

实行施工总承包的，由施工总承包单位组织验收。

建筑起重机械在验收前应当经有相应资质的检验检测机构监督检验合格。

检验检测机构和检验检测人员对检验检测结果、鉴定结论依法承担法律责任。

第十七条　使用单位应当自建筑起重机械安装验收合格之日起30日内，将建筑起重机械安装验收资料、建筑起重机械安全管理制度、特种作业人员名单等，向工程所在地县级以上地方人民政府建设主管部门办理建筑起重机械使用登记。登记标志置于或者附着于该设备的显著位置。

第十八条　使用单位应当履行下列安全职责：

（一）根据不同施工阶段、周围环境以及季节、气候的变化，对建筑起重机械采取相应的安全防护措施；

（二）制定建筑起重机械生产安全事故应急救援预案；

（三）在建筑起重机械活动范围内设置明显的安全警示标志，对集中作业区做好安全防护；

（四）设置相应的设备管理机构或者配备专职的设备管理人员；

（五）指定专职设备管理人员、专职安全生产管理人员进行现场监督检查；

（六）建筑起重机械出现故障或者发生异常情况的，立即停止使用，消除故障和事故隐患后，方可重新投入使用。

第十九条　使用单位应当对在用的建筑起重机械及安全保护装置、吊具、索具等进行经常性和定期的检查、维护和保养，并做好记录。

使用单位在建筑起重机械租期结束后，应当将定期检查、维护和保养记录移交出租单位。

建筑起重机械租赁合同对建筑起重机械的检查、维护、保养另有约定的，从其约定。

第二十条　建筑起重机械在使用过程中需要附着的，使用单位应当委托原安装单位或者具有相应资质的安装单位按照专项施工方案实施，并按照本规定第十六条规定组织验收。验收合格后方可投入使用。

建筑起重机械在使用过程中需要顶升的，使用单位委托原安装单位或者具有相应资质的安装单位按照专项施工方案实施后，即可投入使用。

禁止擅自在建筑起重机械上安装非原制造厂制造的标准节和附着装置。

第二十一条　施工总承包单位应当履行下列安全职责：

（一）向安装单位提供拟安装设备位置的基础施工资料，确保建筑起重机械进场安装、拆卸所需的施工条件；

（二）审核建筑起重机械的特种设备制造许可证、产品合格证、制造监督检验证明、备案证明等文件；

（三）审核安装单位、使用单位的资质证书、安全生产许可证和特种作业人员的特种作业操作资格证书；

（四）审核安装单位制定的建筑起重机械安装、拆卸工程专项施工方案和生产安全事故应急救援预案；

（五）审核使用单位制定的建筑起重机械生产安全事故应急救援预案；

（六）指定专职安全生产管理人员监督检查建筑起重机械安装、拆卸、使用情况；

（七）施工现场有多台塔式起重机作业时，应当组织制定并实施防止塔式起重机相互碰撞的安全措施。

第二十四条　建筑起重机械特种作业人员应当遵守建筑起重机械安全操作规程和安全管理制度，在作业中有权拒绝违章指挥和强令冒险作业，有权在发生危及人身安全的紧急情况时立即停止作业或者采取必要的应急措施后撤离危险区域。

第二十五条　建筑起重机械安装拆卸工、起重信号工、起重司机、司索工等特种作业人员应当经建设主管部门考核合格，并取得特种作业操作资格证书后，方可上岗作业。

省、自治区、直辖市人民政府建设主管部门负责组织实施建筑施工企业特种作业人员的考核。

特种作业人员的特种作业操作资格证书由国务院建设主管部门规定统一的样式。

（2）建筑起重机械的使用登记

1）使用登记的一般要求

起重机械设备的使用单位应当在起重机械设备安装验收合格之日起 30 日内，到建设工程所在地设区的市建设行政主管部门进行起重机械设备登记。登记标记应当置于或者附着于该机械设备的显著位置。

2）使用登记应提交的资料

办理使用登记时，应提交以下资料：

①《建筑施工起重机械设备使用登记备案表》;
② 相关起重机械司机操作证、指挥证复印件;
③ 起重机械安装质量自验合格证明文件原件;
④ 起重机械安装质量监督检验合格报告原件，检测机构检测资质复印件;
⑤ 起重机械维护保养管理管理制度;
⑥ 起重机械使用过程中的事故应急救援预案。

（3）建筑起重机械使用管理

起重机械特种作业人员在作业中应当严格执行起重机械设备的操作规程和有关的安全规章制度。在作业中有权拒绝违章指挥和强令冒险作业，有权在发生危及人身安全的紧急情况时立即停止作业或者采取必要的应急措施后撤离危险区域。

特种作业人员对起重机械设备安全状况应进行经常性检查，发现事故隐患或者其他不安全因素时，应当立即处理，情况紧急时，待事故隐患消除后，方可投入使用。

使用单位应当对在用的建筑起重机械及其安全保护装置、吊具、索具等进行经常性和定期的检查、维护和保养，并做好记录。

租赁的建筑起重机械租期结束后，使用单位应当将定期检查、维护和保养记录移交出租单位。

租赁合同对建筑起重机械的检查、维护、保养另有约定的，按合同执行。

建筑起重机械在使用过程中需要附着的，使用单位应当委托原安装单位或者具有相应资质的安装单位按照专项施工方案实施。实施完毕后，使用单位应当组织出租安装、监理等有关单位进行验收，或者委托具有相应资质的检验检测机构进行验收。验收合格后方可投入使用。实行施工总承包的由施工总承包单位组织验收。

建筑起重机械在使用过程中需要顶升的，使用单位委托原安装单位或者具有相应资质的安装单位按照专项施工方案实施后，即可投入使用。

禁止擅自在建筑起重机械上安装非原制造厂制造的标准节和附着装置。

### 1.1.2 特种设备操作人员的管理规定

**1. 特种作业人员**

《建筑工程安全生产管理条例》（国务院令第393号）对施工机械设备特种作业人员使用与管理，作出了如下规定：

第二十五条　垂直运输机械作业人员、安装拆卸工、爆破作业人员、起重信号工、登高架设作业人员等特种作业人员，必须按照国家有关规定经过专门的安全作业培训，并取得特种作业操作资格证书后方可上岗作业。

《建筑施工特种作业人员管理规定》（建质［2008］75号）对建筑施工特种作业人员使用与管理，作出了如下规定：

第三条　建筑施工特种作业包括：

（一）建筑电工;

（二）建筑架子工;

（三）建筑起重信号司索工;

（四）建筑起重机械司机;

（五）建筑起重机械安装拆卸工；

（六）高处作业吊篮安装拆卸工；

（七）经省级以上人民政府建设主管部门认定的其他特种作业。

第四条　建筑施工特种作业人员必须经建设主管部门考核合格，取得建筑施工特种作业人员操作资格证书（以下简称“资格证书”），方可上岗从事相应作业。

第五条　国务院建设主管部门负责全国建筑施工特种作业人员的监督管理工作。

第六条　建筑施工特种作业人员的考核发证工作，由省、自治区、直辖市人民政府建设主管部门或其委托的考核发证机构（以下简称“考核发证机关”）负责组织实施。

第八条　申请从事建筑施工特种作业的人员，应当具备下列基本条件：

（一）年满18周岁且符合相关工种规定的年龄要求；

（二）经医院体检合格且无妨碍从事相应特种作业的疾病和生理缺陷；

（三）初中及以上学历；

（四）符合相应特种作业需要的其他条件。

第十四条　资格证书应当采用国务院建设主管部门规定的统一样式，由考核发证机关编号后签发。资格证书在全国通用。

第十五条　持有资格证书的人员，应当受聘于建筑施工企业或者建筑起重机械出租单位（以下简称用人单位），方可从事相应的特种作业。

第十六条　用人单位对于首次取得资格证书的人员，应当在其正式上岗前安排不少于3个月的实习操作。

第十七条　建筑施工特种作业人员应当严格按照安全技术标准、规范和规程进行作业，正确佩戴和使用安全防护用品，并按规定对作业工具和设备进行维护保养。

建筑施工特种作业人员应当参加年度安全教育培训或者继续教育，每年不得少于24小时。

第十八条　在施工中发生危及人身安全的紧急情况时，建筑施工特种作业人员有权立即停止作业或者撤离危险区域，并向施工现场专职安全生产管理人员和项目负责人报告。

第二十条　任何单位和个人不得非法涂改、倒卖、出租、出借或者以其他形式转让资格证书。

第二十一条　建筑施工特种作业人员变动工作单位，任何单位和个人不得以任何理由非法扣押其资格证书。

第二十二条　资格证书有效期为两年。有效期满需要延期的，建筑施工特种作业人员应当于期满前3个月内向原考核发证机关申请办理延期复核手续。延期复核合格的，资格证书有效期延期2年。

**2. 机械员**

机械员是在建筑与市政施工现场，从事施工机械的计划、安全使用监督检查、成本统计核算等工作的专业人员。施工现场专业人员包括施工员、质量员、安全员、标准员、材料员、机械员、劳务员、资料员等，机械员是其中一类。

《建筑起重机械安全监督管理规定》规定：使用单位应设置相应的设备管理机构或者配备专职的设备管理人员。

机械员应满足《建筑与市政工程施工现场专业人员职业标准》JGJ/T 250—2011规定的资格条件：

3.1.1 建筑与市政工程施工现场专业人员应具有中等职业（高中）教育及以上学历，并具有一定实际工作经验，身体健康。

3.1.2 建筑与市政工程施工现场专业人员应具备必要的表达、计算、计算机应用能力。

4.1.8 建筑与市政工程施工现场专业人员的职业能力评价，应由省级住房和城乡建设行政主管部门统一组织实施。

4.1.9 对专业能力测试合格，且专业学历和职业经历符合规定的建筑与市政工程施工现场专业人员，颁发职业能力评价合格证书。

### 1.1.3 建筑施工机械设备强制性标准的管理规定

**1. 标准管理相关规定**

(1)《工程建设国家标准管理办法》(建设部令第24号) 规定：

第二条 对需要在全国范围内统一的下列技术要求，应当制定国家标准：

（一）工程建设勘察、规划、设计、施工（包括安装）及验收等通用的质量要求；

（二）工程建设通用的有关安全、卫生和环境保护的技术要求；

（三）工程建设通用的术语、符号、代号、量与单位、建筑模数和制图方法；

（四）工程建设通用的试验、检验和评定等方法；

（五）工程建设通用的信息技术要求；

（六）国家需要控制的其他工程建设通用的技术要求。

法律另有规定的，依照法律的规定执行。

第三条 国家标准分为强制性标准和推荐性标准。

下列标准属于强制性标准：

（一）工程建设勘察、规划、设计、施工（包括安装）及验收等通用的综合标准和重要的通用的质量标准；

（二）工程建设通用的有关安全、卫生和环境保护的标准；

（三）工程建设重要的通用的术语、符号、代号、量与单位、建筑模数和制图方法标准；

（四）工程建设重要的通用的试验、检验和评定方法等标准；

（五）工程建设重要的通用的信息技术标准；

（六）国家需要控制的其他工程建设通用的标准。

强制性标准以外的标准是推荐性标准。

(2)《工程建设行业标准管理办法》(建设部令第25号) 规定：

第二条 对没有国家标准而需要在全国某个行业范围内统一的下列技术要求，可以制定行业标准：

（一）工程建设勘察、规划、设计、施工（包括安装）及验收等行业专用的质量要求；

（二）工程建设行业专用的有关安全、卫生和环境保护的技术要求；

（三）工程建设行业专用的术语、符号、代号、量与单位和制图方法；

（四）工程建设行业专用的试验、检验和评定等方法；

（五）工程建设行业专用的信息技术要求；

（六）其他工程建设行业专用的技术要求。

第三条　行业标准分为强制性标准和推荐性标准。

下列标准属于强制性标准：

（一）工程建设勘察、规划、设计、施工（包括安装）及验收等行业专用的综合性标准和重要的行业专用的质量标准；

（二）工程建设行业专用的有关安全、卫生和环境保护的标准；

（三）工程建设重要的行业专用的术语、符号、代号、量与单位和制图方法标准；

（四）工程建设重要的行业专用的试验、检验和评定方法等标准；

（五）工程建设重要的行业专用的信息技术标准；

（六）行业需要控制的其他工程建设标准。

强制性标准以外的标准是推荐性标准。

(3)《实施工程建设强制性标准监督规定》（建设部令第81号）规定：

第二条　在中华人民共和国境内从事新建、扩建、改建等工程建设活动，必须执行工程建设强制性标准。

第三条　工程建设强制性标准是指直接涉及工程质量、安全、卫生及环境保护等方面的工程建设标准强制性条文。

保障人体健康，人身财产安全的标准和法律、行政性法规规定强制性执行的国家和行业标准是强制性标准；省、自治区、直辖市标准化行政主管部门制定的工业产品的安全、卫生要求的地方标准在本行政区域内是强制性标准。对工程建设业来说，下列标准属于强制性标准：

工程建设勘察、规划、设计、施工（包括安装）及验收等通用的综合标准和重要的通用的质量标准；工程建设通用的有关安全、卫生和环境保护的标准；工程建设重要的术语、符号、代号、计量与单位、建筑模数和制图方法标准；工程建设重要的通用的试验、检验和评定等标准；工程建设重要的通用的信息技术标准；国家需要控制的其他工程建设通用的标准。

强制性条文是规范中必须执行的条文，主要涉及工程的质量、安全、卫生及环境保护等方面，在标准中以黑体字进行标注，并在发布公告中予以说明。

按照标准的适用范围，我国的标准分为国家标准、行业标准、地方标准和企业标准四个级别。

**2. 施工机械管理常用规范**

（1）综合性标准、规范

《建筑机械使用安全技术规程》JGJ 33—2012

《施工现场临时用电安全技术规范附条文说明》JGJ 46—2005

《建筑施工安全检查标准》JGJ 59—2011

《施工现场机械设备检查技术规程》JGJ 160—2008

（2）建筑起重机械技术标准、规范

《建筑卷扬机》GB/T 1955—2008

《塔式起重机》GB/T 5031—2008

《塔式起重机安全规范》GB 5144—2006

《塔式起重机安装与拆卸规则》GB/T 26471—2011
《塔式起重机操作使用规程》JG/T 100—1999
《塔式起重机混凝土基础工程技术规程》JGJ/T 187—2009
《建筑施工塔式起重机安装、使用、拆卸安全技术规程》JGJ 196—2010
《大型塔式起重机混凝土基础工程技术规程》JGJ/T 301—2013
《施工升降机》GB 10054—2005
《施工升降机安全规程》GB 10055—2007
《吊笼有垂直导向的人货两用施工升降机》GB 26557—2011
《建筑施工升降机安装，使用，拆卸安全技术规程》JGJ 215—2010
《建筑施工升降设备设施检验标准》JGJ 305—2013
《起重机　术语》GB/T 6974.1～6974.19
《通用桥式起重机》GB/T 14405—2001
《通用门式起重机》GB/T 14406—2011
《港口门座起重机》GB/T 17495—2009
《起重机和起重机械　技术性能和验收文件》GB/T 17908—1999
《起重机　起重机操作手册　第1部分：总则》GB/T 17909.1—1999
《起重机　起重机操作手册　第2部分：流动式起重机》GB/T 17909.2—2010
《起重机供需双方应提供的资料》GB/T 18874.1～18874.5
《起重机司机室》GB/T 20303.1～20303.5—2006
《起重机械　分级》GB/T 20863.1～20863.5—2007
《起重机　司机培训　第1部分：总则》GB/T 23720.1—2009
《起重机　司机培训　第3部分：塔式起重机》GB/T 23720.3—2010
《起重机　司机（操作员）、吊装工、指挥人员和评审员的资格要求》GB/T 23722—2009
《起重机　安全使用》GB/T 23723.1～23723.4
《起重机　检查　第1部分：总则》GB/T 23724.1—2009
《起重机　检查　第3部分：塔式起重机》GB/T 23724.3—2010
《起重机　信息标牌　第1部分：总则》GB/T 23725.1—2009
《起重机　信息标牌　第3部分：塔式起重机》GB/T 23725.3—2010
《起重机　对机构的要求》GB/T 24809.1～24809.5
《起重机　限制器和指示器》GB/T 24810.1～24810.5
《起重机械控制装置布置形式和特征》GB/T 24817.1～24817.5
《起重机通道及安全防护设施》GB/T 24818.1～24818.5
《起重机图形符号》GB/T 25195.1～25195.3
《龙门架及井架物料提升机安全技术规范》JGJ 88—2010
《建筑起重机械安全评估技术规程》JGJ/T 189—2009
（3）高处作业技术标准、规范
《高空作业车》GB/T 9465—2008
《高处作业吊篮》GB 19155—2003
《高处作业吊篮安装、拆卸、使用技术规程》JB/T 11699—2013

（4）桩工机械技术标准、规范

《柴油打桩机安全操作规程》GB 13749—2003

《振动沉拔桩机安全操作规程》GB 13750—2004

《旋挖钻机》GB 21682—2008

《打桩设备安全规范》GB 22361—2008

《建筑施工机械与设备钻孔设备安全规范》GB 26545—2011

《建筑施工机械与设备旋挖钻机成孔施工通用规程》GB/T 25695—2010

《振动桩锤》JB/T 10599—2006

《建筑施工机械与设备筒式柴油打桩锤》JB/T 11108—2010

《潜水钻孔机技术条件》JG/T 39—1999

《潜水电动振冲器技术条件》JG/T 40—1999

《桩架技术条件》JG/T 5006—1992

《转盘钻孔机技术条件》JG/T 5043.2—1993

《液压式压桩机》JG/T 5107—1999

《长螺旋钻孔机》JG/T 5108—1999

《导杆式柴油打桩锤》JG/T 5109—1999

（5）混凝土机械及设备技术标准、规范

《混凝土机械术语》GB/T 7920—2005

《混凝土搅拌机》GB/T 9142—2000

《混凝土搅拌站（楼）》GB/T 10171—2005

《建筑施工机械与设备　混凝土搅拌机　第1部分：术语与商业规格》GB/T 25637.1—2010

《建筑施工机械与设备　混凝土泵　第1部分：术语与商业规格》GB/T 25638.1—2010

《混凝土振动台》GB/T 25650—2010

《混凝土搅拌运输车》GB/T 26408—2011

《流动式混凝土泵》GB/T 26409—2011

《混凝土及灰浆输送喷射浇注机械安全要求》GB 28395—2012

《混凝土布料机》JB/T 10704—2011

《建筑施工机械与设备　干混砂浆搅拌机》JB/T 11185—2011

《建筑施工机械与设备　干混砂浆搅拌生产线》JB/T 11186—2011

《建筑施工机械与设备　混凝土输送管型式与尺寸》JB/T 11187—2011

《建筑施工机械与设备　砂浆泵》JB/T 11854—2014

《建筑施工机械与设备　电动插入式混凝土振动器》JB/T 11855—2014

《建筑施工机械与设备　电动外部式混凝土振动器》JB/T 11856—2014

《建筑施工机械与设备　混凝土振动器专用软轴和软管》JB/T 11857—2014

《建筑施工机械与设备　混凝土搅拌机叶片和衬板》JB/T 11858—2014

《建筑施工机械与设备　湿拌砂浆搅拌站》JB/T 11859—2014

《电动软轴偏心插入式混凝土振动器》JG/T 44—1999

《电动软轴行星插入式混凝土振动器》JG/T 45—1999

《电机内装插入式混凝土振动器》JG/T 46—1999

（6）钢筋机械技术标准、规范
《钢筋气压焊机》JG/T 94—2013
《钢筋切断机刀片》JG/T 111—1999
《钢筋套筒挤压机》JG/T 145—2002
《钢筋直螺成型机》JG/T 146—2002
《钢筋冷轧扭机组》JG/T 3058—1999
《钢筋冷拔机》JG/T 5022—1992
《钢筋电渣压力焊机》JG/T 5063—1995
《钢筋弯曲机》JG/T 5081—1996
《钢筋切断机》JG/T 5085—1996
（7）筑路机械技术标准、规范
《沥青混凝土摊铺机》GB/T16277—2008
《道路施工与养护机械设备　沥青混合料搅拌设备》GB/T 17808—2010
《道路施工与养护机械设备　稳定土拌和机》GB/T 20648—2010
《道路施工与养护机械设备　沥青混合料厂拌热再生设备》GB/T 25641—2010
《道路施工与养护机械设备　沥青混合料转运机》GB/T 25642—2010
《道路施工与养护机械设备　路面铣刨机》GB/T 25643—2010
《道路施工与养护机械设备　稀浆封层机》GB/T 25649—2010
《道路施工与养护机械设备　沥青路面就地热再生复拌机》GB/T 25697—2010
《移动式道路施工机械与设备　通用安全要求》GB 26504—2011
《移动式道路施工机械与设备　摊铺机安全要求》GB 26505—2011
《道路施工与养护机械设备　热风式沥青混合料再生修补机》GB/T 28392—2012
《道路施工与养护机械设备　沥青碎石同步封层车》GB/T 28393—2012
《道路施工与养护机械设备　沥青路面微波加热装置》GB/T 28394—2012
《道路施工与养护机械设备　道路灌缝机》GB/T 29012—2012
《道路施工与养护机械设备　滑模式水泥混凝土摊铺机》GB/T 29013—2012
《道路施工与养护机械设备　路面处理机械　安全要求》GB/T 30750—2014
《道路施工与养护机械设备　沥青混合料搅拌设备 安全要求》GB/T 30752—2014
《沥青混凝土摊铺机》JT/T 277—2005
《沥青路面就地热再生预热机》JB/T 10954—2010
《道路施工与养护机械设备　沥青路面开槽机》JB/T 11088—2011
《道路施工与养护机械设备　沥青洒布车》JB/T 11317—2013
（8）土方机械设备技术标准、规范
《土方机械　安全　第1部分：通用要求》GB 25684.1—2010
《土方机械　安全　第2部分：推土机的要求》GB 25684.2—2010
《土方机械　安全　第3部分：装载机的要求》GB 25684.3—2010
《土方机械　安全　第4部分：挖掘装载机的要求》GB 25684.4—2010
《土方机械　安全　第5部分：液压挖掘机的要求》GB 25684.5—2010
《土方机械　安全　第6部分：自卸车的要求》GB 25684.6—2010

《土方机械　安全　第7部分：铲运机的要求》GB 25684.7—2010
《土方机械　安全　第8部分：平地机的要求》GB 25684.8—2010
《土方机械　安全　第9部分：吊管机的要求》GB 25684.9—2010
《土方机械　安全　第10部分：挖沟机的要求》GB 25684.10—2010
《土方机械　安全　第11部分：土方回填压实机的要求》GB 25684.11—2010
《土方机械　安全　第12部分：机械挖掘机的要求》GB 25684.12—2010
《土方机械　安全　第13部分：压路机的要求》GB 25684.13—2010
《振动平板夯　技术条件》JG/T 5013.2—1992
《振动冲击夯　技术条件》JG/T 5014.2—1992
《$\phi$5.5m～$\phi$7m土压平衡盾构机（软土）》CJ/T 284—2008
《泥水平衡盾构机》CJ/T 446—2014
《全液压掘进钻车》JB/T 11860—2014
《盾构机切削刀具》JB/T 11861—2014
（9）焊接机械技术标准、规范
《电弧焊机通用技术条件》GB/T 8118—2010
《阻焊　电阻焊机　机械和电气要求》GB/T 8366—2004
《电焊机型号编制方法》GB/T 10249—2010
《埋弧焊机》GB/T 13164—2003
《电阻焊机的安全要求》GB 15578—2008
《弧焊机器人　通用技术条件》GB/T 20723—2006
《等离子弧焊机》JB/T 7109—1993
《钢筋电渣压力焊机技术条件》JB/T 8597—1997
《钢筋电渣压力焊机》JG/T 5063—1995
《等离子切割机完好要求和检查评定方法》SJ/T 31429—1994
《交流弧焊机完好要求和检查评定方法》SJ/T 31434—1994
《硅整流弧焊机完好要求和检查评定方法》SJ/T 31436—1994
《氩弧焊机完好要求和检查评定方法》SJ/T 31437—1994
（10）金属加工机械技术标准、规范
《联合冲剪机　安全要求》GB 27608—2011
《联合冲剪机　第2部分：技术条件》JB/T 1296.2—2014
《剪板机　精度》GB/T 14404—2011
《剪板机　安全技术要求》GB 28240—2012
《数控剪板机》GB/T 28762—2012
《剪板机　第2部分：技术条件》JB/T 5197.2—2015
《移动式剪板机　第2部分：技术条件》JB/T 11812.2—2014
《剪板机　可靠性评定方法》JB/T 12103—2014
《卧式剪板机》JB/T 12765—2015
《卷板机　安全技术要求》GB 30458—2013
《数控卷板机》GB/T 30463—2013

《大型对称式三辊卷板机》JB/T 2449—2001
《三辊卷板机　第2部分：技术条件》JB/T 3185.2—2014
《四辊卷板机　技术条件》JB/T 8778—1998
《弧线下调式三辊卷板机》JB/T 10924—2010
《电动套丝机》JB/T 5334—2013
《可移式电动工具的安全　第二部分：斜切割机的专用要求》GB 13960.9—1997
《可移式电动工具的安全　第二部分：型材切割机的专用要求》GB 13960.11—2000
《可移式电动工具的安全　第二部分：斜切割台式组合锯的专用要求》GB 13960.13—2005
《弯管机　安全技术要求》GB 28760—2012
《数控弯管机》GB/T 28763—2012
《弯管机　技术条件》JB/T 2671.2—1998
《重型弯管机》JB/T 11870.1～11870.3—2014
《弯管加工中心》JB/T 12095—2014
（11）装饰装修类机械技术标准、规范
《地面水磨石机》JG/T 5008—1992
《水磨石磨光机》JG/T 5026—1992
《地板磨光机》JG/T 5068—1995
《电动湿式磨光机》JB/T 5333—2013
《挤压式灰浆泵》JG/T 5016—1992

上述规范为施工机械常用管理规范，详细规范目录见《工程建设标准体系》中各行业部分的规定。上述规范以国家正式发行的最新版本为准。

## 1.2　建筑施工机械安全技术规程、规范

### 1.2.1　塔式起重机的安装、使用和拆卸的安全技术规程要求

1.《建筑施工塔式起重机安装、使用、拆卸安全技术规程》JGJ 196—2010

2.0.1　塔式起重机安装、拆卸单位必须具有从事塔式起重机安装、拆卸业务的资质。

2.0.2　塔式起重机安装、拆卸单位应具备安全管理保证体系，有健全的安全管理制度。

2.0.3　塔式起重机安装、拆卸作业应配备下列人员：

1.持有安全生产考核合格证书的项目负责人和安全负责人、机械管理人员；

2.具有建筑施工特种作业操作资格证书的建筑起重机械安装拆卸工、起重司机、起重信号工、司索工等特种作业操作人员。

2.0.4　塔式起重机应具有特种设备制造许可证、产品合格证、制造监督检验证明，并已在县级以上地方建设主管部门备案登记。

2.0.5　塔式起重机应符合现行国家标准《塔式起重机安全规程》GB 5144及《塔式起重机》GB/T 5031的相关规定。

2.0.6　塔机启用前应检查下列项目：

1. 塔式起重机的备案登记证明等文件；

2. 建筑施工特种作业人员的操作资格证书；

3. 专项施工方案；

4. 辅助起重机械的合格证及操作人员资格证书。

2.0.7 对塔式起重机应建立技术档案，其技术档案应包括下列内容：

1. 购销合同、制造许可证、产品合格证、制造监督检验证明、使用说明书、备案证明等原始资料；

2. 定期检验报告、定期自行检查记录、定期维护保养记录、维修和技术改造记录、运行故障和生产安全事故记录、累计运转记录等运行资料；

3. 历次安装验收资料。

2.0.8 塔式起重机的选型和布置应满足工程施工要求，便于安装和拆卸，并不得损害周边其他建筑物或构筑物。

2.0.9 有下列情况之一的塔式起重机严禁使用：

1. 国家明令淘汰的产品；

2. 超过规定使用年限经评估不合格的产品；

3. 不符合国家现行相关标准的产品；

4. 没有完整安全技术档案的产品。

2.0.14 当多台塔式起重机在同一施工现场交叉作业时，应编制专项方案，并应采取防碰撞的安全措施。任意两台塔式起重机之间的最小架设距离应符合下列规定：

1. 低位塔式起重机的起重臂端部与另一台塔式起重机的塔身之间的距离不得小于 2m；

2. 高位塔式起重机的最低位置的部件（或吊钩升至最高点或平衡重的最低部位）与低位塔式起重机中处于最高位置部件之间的垂直距离不得小于 2m。

2.0.16 塔式起重机在安装前和使用过程中，发现有下列情况之一的，不得安装和使用：

1. 结构件上有可见裂纹和严重锈蚀的；

2. 主要受力构件存在塑性变形的；

3. 连接件存在严重磨损和塑性变形的；

4. 钢丝绳达到报废标准的；

5. 安全装置不齐全或失效的。

3.4.12 塔式起重机的安全装置必须齐全，并应按程序进行调试合格。

3.4.13 连接件及其防松防脱件严禁用其他代用品代用。连接件及其防松防脱件应使用力矩扳手或专用工具紧固连接螺栓。

4.0.2 塔式起重机使用前，应对起重司机、起重信号工、司索工等作业人员进行安全技术交底。

4.0.3 塔式起重机的力矩限制器、重量限制器、变幅限位器、行走限位器、高度限位器等安全保护装置不得随意调整和拆除，严禁用限位装置代替操纵机构。

5.0.7 拆卸时应先降节、后拆除附着装置。

### 1.2.2 施工升降机的安装、使用和拆卸的安全技术规程要求

《建筑施工升降机安装、使用、拆卸安全技术规程》JGJ 215—2010规定：

3.0.1 施工升降机安装单位应具备建设行政主管部门颁发的起重设备安装工程专业承包资质和建筑施工企业安全生产许可证。

3.0.2 施工升降机安装、拆卸项目应配备与承担项目相适应的专业安装作业人员以及专业安装技术人员。施工升降机的安装拆卸工、电工、司机等应具有建筑施工特种作业操作资格证书。

3.0.3 施工升降机使用单位应与安装单位签订施工升降机安装、拆卸合同，明确双方的安全生产责任。实行施工总承包的，施工总承包单位应与安装单位签订施工升降机安装、拆卸工程安全协议书。

3.0.4 施工升降机应具有特种设备制造许可证、产品合格证、使用说明书、起重机械制造监督检验证书，并已在产权单位工商注册所在地县级以上建设行政主管部门备案登记。

3.0.5 施工升降机安装作业前，安装单位应编制施工升降机安装、拆卸工程专项施工方案，由安装单位技术负责人批准后，报送施工总承包单位或使用单位、监理单位审核，并告知工程所在地县级以上建设行政主管部门。

3.0.6 施工升降机的类型、型号和数量应能满足施工现场货物尺寸、运载重量、运载频率和使用高度等方面的要求。

3.0.7 当利用辅助起重设备安装、拆卸施工升降机时，应对辅助设备设置位置、锚固方法和基础承载能力等进行设计和验算。

3.0.8 施工升降机安装、拆卸工程专项施工方案应根据使用说明书的要求、作业场地及周边环境的实际情况、施工升降机使用要求等编制。当安装、拆卸过程中专项施工方案发生变更时，应按程序重新对方案进行审批，未经审批不得继续进行安装、拆卸作业。

4.1.6 有下列情况之一的施工升降机不得安装使用：

1. 属国家明令淘汰或禁止使用的；
2. 超过由安全技术标准或制造厂家规定使用年限的；
3. 经检验达不到安全技术标准规定的；
4. 无完整安全技术档案的；
5. 无齐全有效的安全保护装置的。

4.2.10 安装作业时必须将按钮盒或操作盒移至吊笼顶部操作。当导轨架或附墙架上有人员作业时，严禁开动施工升降机。

5.2.2 严禁施工升降机使用超过有效标定期的防坠安全器。

5.2.10 严禁用行程限位开关作为停止运行的控制开关。

5.3.9 严禁在施工升降机运行中进行保养、维修作业。

### 1.2.3 施工机械使用安全技术规程要求

《建筑机械使用安全技术规程》JGJ 33—2012规定：

2.0.1 特种设备操作人员应经过专业培训、考核合格取得建设行政主管部门颁发的

操作证，并应经过安全技术交底后持证上岗。

2.0.2 机械必须按出厂使用说明书规定的技术性能、承载能力和使用条件，正确操作，合理使用，严禁超载、超速作业或任意扩大使用范围。

2.0.3 机械上的各种安全防护和保险装置及各种安全信息装置必须齐全有效。

2.0.21 清洁、保养、维修机械或电气装置前，必须先切断电源，等机械停稳后再进行操作。严禁带电或采用预约停送电时间的方式进行检修。

4.1.11 建筑起重机械的变幅限位器、力矩限制器、起重量限制器、防坠安全器、钢丝绳防脱装置、防脱钩装置以及各种行程限位开关等安全保护装置，必须齐全有效，严禁随意调整或拆除。严禁利用限制器和限位装置代替操纵机构。

4.1.14 在风速达到 9m/s 及以上或大雨、大雪、大雾等恶劣天气时，严禁进行建筑起重机械的安装拆卸作业。

4.5.2 桅杆式起重机专项方案必须按规定程序审批，并应经专家论证后实施。施工单位必须指定安全技术人员对桅杆式起重机的安装、使用和拆卸进行现场监督和监测。

5.1.4 作业前，必须查明施工场地内明、暗铺设的各类管线等设施，并采用明显记号表示。严禁在离地下管线、承压管道 1m 距离以内进行大型机械作业。

5.1.10 机械回转作业时，配合人员必须在机械回转半径以外工作。当需在回转半径以内工作时，必须将机械停止回转并制动。

5.5.6 作业中，严禁人员上下机械，传递物件，以及在铲斗内、拖把或机架上坐立。

5.10.20 装载机转向架未锁闭时，严禁站在前后车架之间进行检修保养。

5.13.7 夯锤下落后，在吊钩尚未降至夯锤吊环附近前，操作人员严禁提前下坑挂钩。从坑中提锤时，严禁挂钩人员站在锤上随锤提升。

7.1.23 桩孔成型后，当暂不浇筑混凝土时，孔口必须及时封盖。

8.2.7 料斗提升时，人员严禁在料斗下停留或通过；当需在料斗下方进行清理或检修时，应将料斗提升至上止点，并必须用保险销锁牢或用保险链挂牢。

10.3.1 木工圆锯机上的旋转锯片必须设置防护罩。

12.1.4 焊割现场及高空焊割作业下方，严禁堆放油类、木材、氧气瓶、乙炔瓶、保温材料等易燃、易爆物品。

12.1.9 对承压状态的压力容器和装有剧毒、易燃、易爆物品的容器，严禁进行焊接或切割作业。

### 1.2.4 施工现场机械设备检查技术规程要求

《施工现场机械设备检查技术规程》JGJ 160—2008 规定：

3.1.5 发电机组电源必须与外电线路电源联锁，严禁与外电线路并列运行；当 2 台及 2 台以上发电机组并列运行时，必须装设同步装置，并应在机组同步后再向负载供电。

3.3.2 施工现场临时用电的电力系统严禁利用大地和动力设备金属结构体作相线或工作零线。

3.3.4 用电设备的保护地线或保护零线应并联接地，严禁串联接地或接零。

3.3.5 每台用电设备应有各自专用的开关箱，严禁用同一个开关箱直接控制 2 台及 2 台以上用电设备（含插座）。

3.3.12 开关箱中必须安装漏电保护器，且应装设在靠近负荷的一侧，额定漏电动作电流不应大于30mA，额定漏电动作时间不应大于0.1 s；潮湿或腐蚀场所应采用防溅型产品，其额定漏电动作电流不应大于15mA，额定漏电动作时间不应大于0.1s。

6.1.7 塔式起重机的主要承载结构件出现下列情况之一时应报废：

1. 塔式起重机的主要承载结构件失去整体稳定性，且不能修复时；

2. 塔式起重机的主要承载结构件，由于腐蚀而使结构的计算应力提高，当超过原计算应力的15%时；对无计算条件的，当腐蚀深度达原厚度的10%时；

3. 塔式起重机的主要承载结构件产生无法消除裂纹影响时。

6.5.3 动臂式和尚未附着的自升式塔式起重机，塔身上不得悬挂标语牌。

6.5.7 塔式起重机安装到设计规定的基本高度时，在空载无风状态下，塔身轴心线对支撑面的侧向垂直度偏差不应大于0.4%；附着后，最高附着点以下的垂直度偏差不应大于0.2%。

6.5.16 塔式起重机金属结构、轨道及所有电气设备的金属外壳、金属管线，安全照明的变压器低压侧等应可靠接地，接地电阻不应大于4Ω；重复接地电阻不应大于10Ω。

6.5.20 当塔式起重机的起重力矩大于相应工况下的额定值并小于额定值的110%时，应切断上升和幅度增大方向的电源，但机构可作下降和减小幅度方向的运动。

6.5.21 塔式起重机的吊钩装置起升到下列规定的极限位置时，应自动切断起升的动作电源：

1. 对于动臂变幅的塔式起重机，吊钩装置顶部至臂架下端的极限位置距离应为800mm；

2. 对于上回转的小车变幅的塔式起重机，吊钩装置顶部至小车架下端的极限位置应符合下列规定：

1）起升钢丝绳的倍率为2倍率时，其极限位置应为1000mm；

2）起升钢丝绳的倍率为4倍率时，其极限位置应为700mm。

3. 对于下回转的小车变幅的塔式起重机，吊钩装置顶部至小车架下端的极限位置应符合下列规定：

1）起升钢丝绳的倍率为2倍率时，其极限位置应为800mm；

2）起升钢丝绳的倍率为4倍率时，其极限位置应为400mm。

6.5.22 塔式起重机应安装起重量限制器。当起重量大于相应挡位的额定值并小于额定值的110%时，应切断上升方向的电源，但机构可作下降方向的运动。

6.6.14 施工升降机安全防护装置必须齐全，工作可靠有效。

6.6.15 施工升降机防坠安全器必须灵敏有效、动作可靠，且在检定有效期内。

6.7.1 卷扬机不得用于运送人员。

6.9.2 严禁使用倒顺开关作为物料提升机卷扬机的控制开关。

6.9.5 附墙架与物料提升机架体之间及建筑物之间应采用刚性连接；附墙架及架体不得与脚手架连接。

6.11.4 吊篮的安全锁应灵敏可靠，当吊篮平台下滑速度大于25m/min时，安全锁应在不超过100mm距离内自动锁住悬吊平台的钢丝绳；安全锁应在有效检定期内。

6.12.3 附着整体升降脚手架应具有安全可靠的防倾斜装置、防坠落装置以及保证架体同步升降和监控升降载荷的控制系统。

8.9.7　严禁使用未安装减压器的氧气瓶。

## 1.2.5　施工现场临时用电安全技术规范要求

《施工现场临时用电安全技术规范》JGJ 46—2005 规定：

1.0.3　建筑施工现场临时用电工程专用的电源中性点直接接地的220/380V三相四线制低压电力系统，必须符合下列规定：

1. 采用三级配电系统；

2. 采用TN-S接零保护系统；

3. 采用二级漏电保护系统。

3.1.4　临时用电组织设计及变更时，必须履行“编制、审核、批准”程序，由电气工程技术人员组织编制，经相关部门审核及具有法人资格企业的技术负责人批准后实施。变更用电组织设计时应补充有关图纸资料。

3.1.5　临时用电工程必须经编制、审核、批准部门和使用单位共同验收，合格后方可投入使用。

3.3.4　临时用电工程定期检查应按分部、分项工程进行，对安全隐患必须及时处理，并应履行复查验收手续。

5.1.1　在施工现场专用变压器的供电的TN-S接零保护系统中，电气设备的金属外壳必须与保护零线连接。保护零线应由工作接地线、配电室（总配电箱）电源侧零线或总漏电保护器电源侧零线处引出（图5.1.1）。

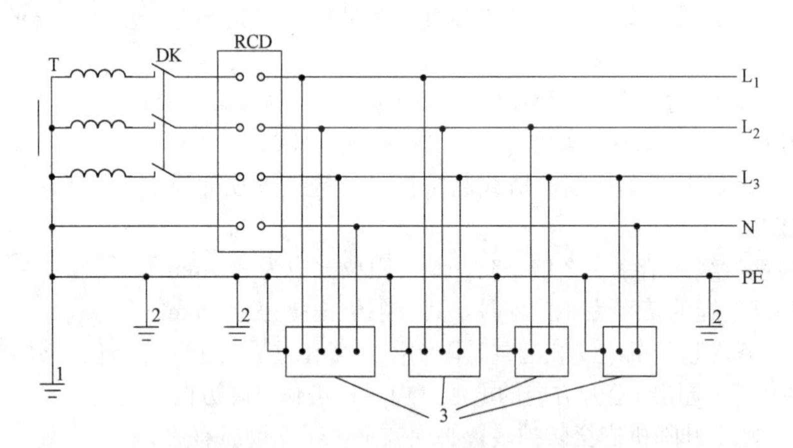


图5.1.1　专用变压器供电时TNS接零保护系统示意图

1—工作接地；2—PE线重复接地；3—电气设备金属外壳（正常不带电的外露可导电部分）；
$L_1$、$L_2$、$L_3$—相线；N—工作零线；PE—保护零线；DK—总电源隔离开关；
RCD—总漏电保护器（兼有短路、过载、漏电保护功能的漏电断路器）；T—变压器

5.1.2　当施工现场与外电线路共用同一供电系统时，电气设备的接地、接零保护应与原系统保持一致。不得一部分设备做保护接零，另一部分设备做保护接地。

采用TN系统做保护接零时，工作零线（N线）必须通过总漏电保护器，保护零线（PE线）必须由电源进线零线重复接地处或总漏电保护器电源侧零线处，引出形成局部

TN-S 接零保护系统（图 5.1.2）。

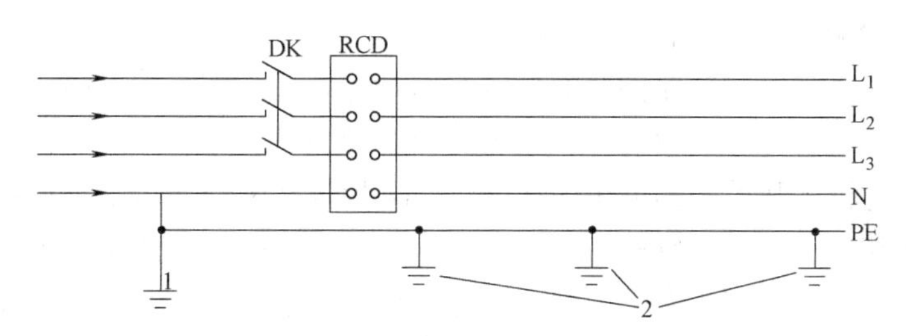


图 5.1.2　三相四线供电时局部 TN-S 接零保护系统保护零线引出示意

1—NPE 线重复接地；2—PE 线重复接地；$L_1$、$L_2$、$L_3$—相线；N—工作零线；PE—保护零线；DK—总电源隔离开关；RCD—总漏电保护器（兼有短路、过载、漏电保护功能的漏电断路器）

5.1.10　PE 线上严禁装设开关或熔断器，严禁通过工作电流；且严禁断线。

5.3.2　TN 系统中的保护零线除必须在配电室或总配电箱处做重复接地外，还必须在配电系统的中间处和末端处做重复接地。

在 TN 系统中，保护零线每一处重复接地装置的接地电阻值不应大于 10Ω。在工作接地电阻值允许达到 10Ω 的电力系统中，所有重复接地的等效电阻值不应大于 10Ω。

5.4.7　做防雷接地机械上的电气设备，所连接的 PE 线必须同时做重复接地，同一台机械电气设备的重复接地和机械的防雷接地可共用同一接地体，但接地电阻应符合重复接地电阻值的要求。

6.1.6　配电柜应装设电源隔离开关及短路、过载、漏电保护电器。电源隔离开关分断时应有明显可见分断点。

6.1.8　配电柜或配电线路停电维修时，应挂接地线，并应悬挂“禁止合闸、有人工作”停电标志牌。停送电必须由专人负责。

6.2.3　发电机组电源必须与外电线路电源联锁，严禁并列运行。

6.2.7　发电机组并列运行时，必须装设同期装置，并在机组同步运行后再向负载供电。

7.2.1　电缆中必须包含全部工作芯线和用作保护零线或保护线的芯线。需要三相四线制配电的电缆线路必须采用五芯电缆。

五芯电缆必须包含淡蓝、绿/黄二种颜色绝缘芯线。淡蓝色芯线必须用作 N 线；绿/黄双色芯线必须用作 PE 线，严禁混用。

7.2.3　电缆线路应采用埋地或架空敷设，严禁沿地面明设，并应避免机械损伤和介质腐蚀。埋地电缆路径应设方位标志。

8.1.3　每台用电设备必须有各自专用的开关箱，严禁用同一个开关箱直接控制 2 台及 2 台以上用电设备（含插座）。

8.1.11　配电箱的电器安装板上必须分设 N 线端子板和 PE 线端子板。N 线端子板必须与金属电器安装板绝缘；PE 线端子板必须与金属电器安装板做电气连接。

进出线中的 N 线必须通过 N 线端子板连接；PE 线必须通过 PE 线端子板连接。

8.2.10　开关箱中漏电保护器的额定漏电动作电流不应大于 30mA，额定漏电动作时间不应大于 0.1s。

使用于潮湿或有腐蚀介质场所的漏电保护器应采用防溅型产品，其额定漏电动作电流不应大于15mA，额定漏电动作时间不应大于0.1s。

8.2.11 总配电箱中漏电保护器的额定漏电动作电流应大于30mA，额定漏电动作时间应大于0.1s，但其额定漏电动作电流与额定漏电动作时间的乘积不应大于30mA·s。

8.2.15 配电箱、开关箱的电源进线端严禁采用插头和插座做活动连接。

8.3.4 对配电箱、开关箱进行定期维修、检查时，必须将其前一级相应的电源隔离开关分闸断电，并悬挂“禁止合闸、有人工作”停电标志牌，严禁带电作业。

9.7.3 对混凝土搅拌机、钢筋加工机械、木工机械、盾构机械等设备进行清理、检查、维修时，必须首先将其开关箱分闸断电，呈现可见电源分断点，并关门上锁。

10.2.2 下列特殊场所应使用安全特低电压照明器：

1. 隧道、人防工程、高温、有导电灰尘、比较潮湿或灯具离地面高度低于2.5m等场所的照明，电源电压不应大于36V；

2. 潮湿和易触及带电体场所的照明，电源电压不得大于24V；

3. 特别潮湿场所、导电良好的地面、锅炉或金属容器内的照明，电源电压不得大于12V。

10.2.5 照明变压器必须使用双绕组型安全隔离变压器，严禁使用自耦变压器。

10.3.11 对夜间影响飞机或车辆通行的在建工程及机械设备，必须设置醒目的红色信号灯，其电源应设在施工现场总电源开关的前侧，并应设置外电线路停止供电时的应急自备电源。

# 第 2 章　施工机械设备的购置、租赁

机械设备是建筑施工企业至关重要的施工工具，也是企业的外部形象之一。确保机械设备的过程使用能力，以良好的设备经济效益为企业的生产经营服务，是机械设备管理的主题和中心任务，也是企业管理的重要对象。尤其是企业转换经营机制，全面推向市场，实行“管、用、养、修、租、算”一体化的设备综合管理体制，对设备管理工作提出了更高、更严的要求。因此，如何加强建筑施工企业机械设备的管理力度，充分发挥机械设备效能，挖掘机械设备的潜力，具有重要的现实意义。

## 2.1　施工项目机械设备的配置

### 2.1.1　施工项目机械设备选配的依据和原则

**1. 施工项目机械设备选配的依据**

建筑施工企业在组织工程施工及购置新机械设备时，应充分考虑在建工程需求和本企业、本行业的发展前景，了解本行业施工机械的现状、发展方向，在保证工程需求的基础上，综合考虑技术先进性和经济合理性等要求。施工项目机械设备选配应综合考虑以下因素。

（1）项目需求

根据项目施工工艺的需求，合理配置机械设备，在保证工程质量、进度、安全的前提下，加强机械化作业水平，提高施工效率。

（2）机械的生产率

机械的生产率，是指机械在单位时间内能完成的工作量。在选择机型时，首先应考虑生产率能否满足现场实际要求。在此基础上一般选择生产率较大的机械，但是结构和性能比较先进的机械往往价格较高。因此，在充分衡量自身的经济承受能力、操作技术和管理（包括维修和保养）水平的同时还要考虑到配套机械、预期的经济效益，综合评价生产率高低。

（3）机械设备对工程质量的保证程度

在选择机械设备时，还要考虑与施工难度、工程质量的要求相适应。工程质量要求高、施工难度大，更应选用精度高、可靠性好的机械设备。

（4）机械设备的使用与维修

选择机械设备不仅要考虑机械的操作灵活性和使用方便，还要注意机械设备的适用性、可靠性和易修性。机械设备需适应不同的工作条件、工作环境；结构尽可能的简单，易于拆装，零件互换性好，零部件组合标准合理。在机械设备使用过程中，缩短检修时间，降低维护保养费用，提高机械的使用率是十分重要的因素。

（5）能耗和环保性

购置时，应优先选择低能耗、低排放、低噪声、高效率、环保型的机械设备。

（6）安全性

机械设备在保证运行安全基础上，应操作简单、方便，性能安全可靠。这也是保证生产顺利进行的必要条件。

（7）使用寿命和投资费用

一般来说，机械设备的使用寿命越长，折旧费越小，项目的机械成本越低。但是，随着施工机械的寿命延长，机械的性能有所下降，能耗增加，维修负担愈来愈重。因此，机械设备应该有一个合理的使用期限，即经济使用寿命。经济寿命越长，用在设备上的投资就越少，经济性就越好。故应选择经济寿命长、设备总投资（包括工作中的正常消耗费用和维修费用）少的机械。

**2. 机械设备的购置原则**

企业在添置机械设备时，一般应按以下几项原则进行考虑：

1）必要性与可靠性

施工单位应根据项目施工需要和企业发展规划，制定机械设备的添置计划，有目的、有步骤地进行装备更新。机械设备选型时，应综合考虑机械设备的生产能力、产品质量、技术性能及可靠性，以及企业的技术、管理水平。对于超越企业技术、管理水平的机械设备应慎重选择。需要自制设备时，应充分考虑自己的加工能力、技术水平，防止粗制滥造，避免造成经济损失。

2）经济效益

无论是新购（或自制），还是对现有机械进行技术改造，都要进行充分的比较及论证，以能取得良好的经济效益为原则。

3）机械配套与合理化配备

为满足现场施工需要，施工单位在添置机械设备时，应在设备的品种、型号、规格、数量上设置合理的比例，完善设备配套，最大限度地发挥机械设备的功能。

4）维护保养和配件来源

选择设备时，应充分考虑设备制造厂家的售后服务能力、维修水平以及维修站点的布置等因素，优先选择维修、保养简单，配件优质价廉、购买方便，维修水平高，维修网络健全的设备。对于配件来源困难、结构复杂、操作技术要求高、企业内部缺乏维护保养的技术能力、维护保养费用较高的设备，购置时应慎重考虑。

### 2.1.2 施工项目机械设备配置的技术经济分析

机械设备的技术经济分析，内容包括技术分析和经济分析。分析是购置决策的基础。

**1. 技术分析的内容有：**

1）生产性：机械在单位时间内的产量，即生产效率。

2）安全可靠性：机械设备精度和准确度的保持性、零部件的耐用性、安全可靠性等。

3）节能性：机械设备对能源和原材料的消耗程度，一般以单位产量的能耗用量表示。

4）可维修性：机械设备的结构对于维修的适应性，即在规定条件下和规定时间内完成修复作业的概率。

5）耐用性：机械设备在使用过程中所经历的使用寿命。机械设备耐用性好，可有效延长使用寿命，相应地减少了每年的使用成本。

6）成套性：机械设备本身的附属装置、随机工具、附件的配套及各种机械之间的配套程度，它是形成设备生产能力的一个重要因素。

7）环保性：机械设备在运行过程中的产生或排出的废气、污物、噪声以及有毒物质等对环境的影响程度，以及为了达到法律、法规所规定的要求而附加发生的费用高低的对比。

8）售后服务：反映生产厂家为用户提供零配件、提供技术指导和维修服务的及时性和到位性。

**2. 经济分析：经济分析的主要内容主要是机械寿命周期费用。它包括：**

1）投资额：通常以投资回收期进行评价。

2）运行费：是指机械设备在全寿命过程中为保证机械运行所投入的除维修费用以外的一切费用。其经济效益可用运行费用效率（即产量/运行费用）或单位产量运行费用率（运行费用/产量）来衡量。通常以最小费用法（即同等条件下，费用最小）进行评价。

3）维修费：是指机械设备在全寿命过程中进行各种维修所需的费用。其经济效益以维修费用效益（产量/维修费用）或产量维修率（维修费用/产量）来衡量。通常与运行费一起以最小费用法进行评价。

4）收益：是指机械设备投入生产后，比较其投入和产出取得的利润。同样投资额的利润越高，机械设备的经济效益越好。

## 2.2 施工机械设备的购置与租赁

施工机械的前期管理，是指从立项申请、调研工作开始，对机械设备的选型、采购、安装、调试、验收，直到投入使用这一阶段的管理。

“保持设备完好，不断改善和提高企业技术装备的素质，充分发挥设备的效能，取得良好的投资效益”，这是企业设备管理的中心任务。施工机械的前期管理是实现这一目标的重要环节，它与施工机械的后期管理构成不可分割的统一整体。规范而有效的前期管理，是整个机械设备管理工作的前提和基础。

### 2.2.1 购置、租赁施工机械设备的基本程序

**1. 施工机械的购置、租赁策划**

企业根据自身的发展规划、生产和经营状况制订技术装备规划和需求计划，合理选配设备，做到有的放矢。在购置、租赁设备，特别是大型机械设备和技术先进的机械设备时，首先要有充分的市场调查，掌握设备的技术动态和市场状况，遵循“先进、适用、经济、节能”的原则，优化选型，比质比价，选购价格合理、性能优良的设备；其次，新购设备开箱和初次使用验收要有管理制度，发现不合格等问题，要及时向供方反馈信息，按合同进行处理；再者，企业要有强而有力的购置管理制度，实行主要机械设备统一购置管理，遵循装备管理原则。

在机械设备购置、租赁方式的选择上，应进行全面、综合的经济、费用比较，选择适

合自己的方法。一般情况下，对必须具备的机械设备、使用频率高的机械设备、专用设备，优先采用购置的方式；对于价值昂贵、使用频率低、租用成本低的机械设备，优先采用租赁的方式。

（1）机械设备购置、租赁计划的编制

1）年度机械购置、租赁计划的编制依据

① 企业近期生产任务、技术装备规划和施工机械化的发展规划。

② 企业承担的施工任务、采用的施工工艺。

③ 该年度企业承担施工任务的实物工程量、工程进度及工程的施工技术特点。

④ 年内机械设备的报废更新情况。

⑤ 充分发挥现有机械效能后的缺口。

⑥ 机械购置、租赁资金的来源情况。

⑦ 施工机械租赁业的行情。

⑧ 施工机械年台班、年产量定额和技术装备定额。

2）年度机械购置、租赁计划的编制程序

① 准备阶段。收搜集资料，掌握有关装备情况，根据计划任务，测算需求。

② 平衡阶段。编制机械购置、租赁计划草案，并会同有关部门进行核算，在充分发挥机械效能的前提下，力求施工任务与施工能力相平衡，机械费用和其他经济指标相平衡。

③ 选择论证阶段。机械购置、租赁计划所列的机械品种、规格、型号等要经过认真的论证。

④ 确定阶段。年度机械购置、租赁计划由企业机械管理部门编制，经生产、技术、财务等部门进行会审，并经企业领导批准，必要时报企业上级主管部门审批。

3）应急购置计划

因工程需要，超出年度购置计划紧急采购施工设备时，应编制应急购置计划（报告）。应急购置计划中应说明购置理由。应急购置计划的审批程序同年度机械购置计划。应急购置计划是对年度购置计划的调整和补充。

（2）施工机械购置的方式

直接购置：指直接从制造厂、供货商处购置。

委托购置（第三方采购）：委托专门代理机构进行采购。

招投标采购方式：通过公开或邀请招标，吸引众多供应商参与竞争，从中选取中标者的方式。

（3）施工机械的购置申请

目前，我国建筑业企业呈多元化发展趋势，各企业的所有制形式、规模、管理层次均有所不同，施工机械设备的管理方法也不尽相同，因此，机械设备的购置手续也不可能是统一的模式。一般说来，计划内机械设备的购置申请可以参考以下步骤进行：

1）根据工程需要需增添或更新设备时，公司机械管理部门填写机械设备购置申请（审批）表，经分管经理审核、报总经理审批后，由机械管理部门负责购置。

2）在规定权限范围内，需自行添置机械设备的单位，由各单位设备负责人写出申请报告，各单位领导批准后自行购买。

3）机械设备的选型、采购，必须对设备的安全可靠性、节能性，生产能力、可维修性、耐用性、配套性、经济性、售后服务及环境等方面进行综合论证，择优选用。

4）购置进口设备，必须经分管经理审核，总经理批准，一般须委托外贸部门与外商联系，公司机械管理部门和分管经理应参与进口机械设备的质量、价格、售后服务、安全性及外商的资质和信誉度的评估、论证工作，以决定进口设备的型号、规格和生产厂家。

5）进口机械设备所需的易损件或备件，在国内尚无供应渠道或不能替代生产时，应在引进主机的同时，适当地订购部分易损、易耗配件以备急需。

6）在购置机械设备后，应将机械设备购置申请（审批）表、发票、购置合同、开箱检验单、原始资料登记表等复印件交设备管理员验收、建档，统一办理新增固定资产手续，大型设备或特种设备应建立一机一档的档案。

7）各单位、施工项目部自购的设备经验收合格后，填写相关机械设备记录报公司机械管理部门建档。

推荐机械设备购置计划申请表，仅供参考。

机械设备购置计划申报表见表 2-1。

**机械设备购置计划申报表** **表 2-1**

| 序号 | 机械名称 | 规格 | 厂家 | 数量 | 单价 | 使用单位 | 备注 |
|---|---|---|---|---|---|---|---|
| | | | | | | | |
| | | | | | | | |
| | | | | | | | |
| | | | | | | | |
| | | | | | | | |

**2. 机械设备的租赁**

随着社会分工的细化，机械设备租赁市场达到迅速发展，租赁机械设备的种类、数量越来越多，租赁的形式日益多样化，满足、补充了施工企业对部分机械设备的使用需求。

施工机械租赁的形式通常有内部租赁和社会租赁两种形式。

（1）机械设备的内部租赁

施工机械的内部租赁，是在有偿使用的原则下，在施工企业所属机械经营单位和施工单位之间发生的机械租赁。机械经营单位为出租方提供机械、保证施工生产需要，并按企业规定的租赁办法签订租赁合同，收取租赁费。

（2）机械设备的社会租赁

机械设备社会性租赁按其性质可分为融资性租赁和服务性租赁两大类。

1）融资性租赁

融资性租赁是将借钱和租物结合在一起的租赁业务。租赁公司出资购置建筑施工单位所选定的某种型号机械，然后出租给施工企业。施工企业按照特定合同的条件和特定的租金条件，在一定期限内拥有对该机械的所有权和使用权。合同期满后，承租的建筑施工企业可按合同议定的条件支付一笔货款，从而拥有该机械的全部产权，或者是将该机械退还给租赁商，也可另订合同继续租用该机械。

2）服务性租赁

服务性租赁又称融物性租赁，建筑施工单位可按合同规定支付租金取得对某型号机械的使用权。在合同期内，租赁设备的维修和操作业务均由租赁公司负责。合同期满后，不存在该机械产权转移问题。承租单位可按新协议合同继续租用该机械。

（3）租赁管理的要点

1）项目经理部在施工进场或单项工序开工前，需制订机械使用计划。

2）项目施工使用的机械设备应以自有机械设备为主，在自有机械不能满足施工需要时，可以进行租赁。由项目经理部负责实施机械租赁的具体工作。

3）各项目经理部必须建立：

① 租赁机械台账；

② 租赁机械结算台账；

③ 每月上报租赁机械使用报表；

④ 租赁网络台账；

⑤ 租赁合同台账。

4）项目经理部应建立良好的机械租赁联系网络，以保证在需要租用机械设备时，能准时按要求进场。

5）机械设备租赁时，要严格合同管理，按规定签订书面机械租赁合同。

6）租用单位要及时与出租单位办理租赁结算，杜绝因租赁费用结算而发生法律纠纷。

### 2.2.2 机械设备购置、租赁合同的注意事项

**1. 施工机械购置的实施**

（1）选择合格供方

施工机械购置计划确定后，选择合格供方就显得十分重要。合格的生产厂家必须具有相应的生产资质和条件，所生产的产品确保符合国家或行业标准，其中特种设备生产厂家还必须经国家质量安全监督等行政部门许可。

施工企业应明确对施工机械供方的评价方法，在采购前对其进行评价，并收集相应的证明资料，保存评价记录。评价的内容包括：

① 经营资格和信誉；

② 产品和服务的质量；

③ 供货能力；

④ 风险因素。

经过选择确定机型和生产厂后，由机械采购部门向生产厂或供应商联系询价和了解供货情况，并进一步与生产厂或供应商对价格及供货期等一些具体问题进行磋商，最后签订订货合同或订货协议。

（2）采购合同的签订与管理

订货合同必须手续完备，填写清楚。合同内容应包括：产品的名称、型号规格、数量；产品的技术标准和包装标准；产品的交货单位、交货方法、运输方式、到货地点、签订合同单位和接（提）货单位或接（提）货人；交（提）货日期及检验方法；产品的价格、结算方法、结算银行及账号、结算单位；以及双方需要在合同中明确规定的事项，违反合同的处理方法和罚金、赔款金额等等。

订货合同经双方签章后就具有法律效力。国内的采购合同按《中华人民共和国经济合同法》草案和国家有关规定执行。订货合同签订后，要加强合同管理，并派专人及时归类登记。

**2. 机械设备内部租赁的实施**

施工机械的内部租赁，是在有偿使用的原则下，在施工企业所属机械经营单位和施工单位之间发生的机械租赁。机械经营单位为出租方提供机械、保证施工生产需要，并按企业规定的租赁办法签订租赁合同，收取租赁费。

（1）签订机械租赁合同

租赁合同是出租方和承租方为租赁活动而缔结的具有法律性质的经济契约，用以明确租赁双方的经济责任。承租方根据施工生产计划，按时签订机械租赁合同，出租方按合同要求如期向承租方提供符合要求的机械，保证施工需要。根据机械的不同情况，采取相应的合同形式：

1）能计算实物工程量的大型机械，可按施工任务签订实物工程量承包合同。

2）一般机械按单位工程工期签订周期租赁合同。

3）长期固定在班组的机械（如木工机械、钢筋、焊接设备等），签订年度一次性租赁合同。

4）临时租用的小型设备（如打夯机、水泵等）可简化租赁手续，以出入库单计算使用台班，作为结算依据。

5）对外出租的机械，按租用期与承租方签订一次性合同。

（2）机械租赁收费办法

1）作业台班数。以8h为一个台班，不足4h按0.5台班取费，超过4h不足8h按一个台班取费，以此类推。

2）停置台班。因租用单位管理不善、计划不周等原因造成机械停置，按作业台班费的50%收取停置费。

3）免收台班费。因任务变更、提前竣工、合同终止等原因，机械暂时无处周转，或因气候影响、法定节假日休息、机械事故等原因造成的停置，免收停置费。

4）场外运输费。承租期内机械转移，由承租方承担一次性场外转运费。

5）租赁费标准。企业内部租用机械，按机械台班费用收取；对外租赁的机械，按市场价格收取；并根据季节、租赁期、作业条件等情况适度上下浮动。

6）租赁费结算办法。机械的租赁实行日清月结，根据合同规定要求，认真核实运转记录，双方签证后生效。承包实物量的机械，按实际完成实物量结算；一般机械按台班运转记录结算；长期固定在班组使用的机械，按月制度台日数的60%作为使用台日数计取台班费，临时租用的小型机械根据出入库期间按日计取台班费。

**3. 机械设备的社会租赁**

（1）租赁单位的选择

在明确租赁设备的性能、使用期限后，施工单位应对租赁单位进行考察、评价，选择优质租赁单位进行合作。评价的内容包括：

① 经营资格和信誉；

② 出租设备的数量、性能；

③ 价格；

④ 服务的质量：技术保证能力、操作人员的水平、设备维护保障能力等；

⑤ 风险因素。

考察合格后，由机械采购部门与租赁单位进行磋商，明确各项细节要求，最后签订租赁合同或订立租赁协议。

(2) 租赁合同

签订租赁合同时应明确：工程任务和机械的工作量；租赁机械的型式、规格和数量；租赁的时间；双方的经济责任；运输方式和退还地点；原燃材料的供应方式、租赁费用的结算方法等。具体内容可参考附件《施工机械租赁合同（范本）》。

附件：

# 施工机械租赁合同（范本）

合同编号：___________

承租方（以下简称甲方）：___________　　出租方（以下简称乙方）：___________

根据《中华人民共和国合同法》以及国家现有法律法规的有关规定，按照平等互利的原则，为明确甲、乙双方的职责，经双方协商，特签订本合同，以资共同遵守。

第一条：租赁机械名称、规格型号、数量、租赁形式及单价

| 机械名称 | 规格型号 | 台数 | 租赁起讫日期 | 租赁形式 | 租赁单价 | 停置台班单价 | 随机人员 | 备注 |
|---|---|---|---|---|---|---|---|---|
| | | | | | | | | |
| | | | | | | | | |

第二条：双方职责及有关配合事宜

1. 租赁管理及双方职责：乙方负责租赁设备的进退场安拆、加节附着、维修、日常保养和提供相关内业资料等工作，并承担相应的安全责任。甲方负责设备的使用，乙方派入甲方项目部的人员由甲方统一管理，并承担相应的安全责任。

2. 设备进场前，乙方需对设备进行维修和保养，保证设备的完好性，设备安装检测和验收后并经特种设备使用登记备案后，乙方将设备交付甲方使用。

3. 甲方应提供一份与安装有关的正式项目施工图交乙方，设备的安装位置与安装（拆卸）方案有关问题应由甲、乙双方共同研究确定，并及时做好纪要。

4. 设备进、退场前，甲方应负责做好作业现场的加固、平整、清理等工作，使乙方设备能够顺利到达指定地点。否则，甲方应负责乙方的停机损失和二次转运的费用。

5. 设备的基础由甲方负责设计与施工。设备安装前，甲方应提供一份基础的设计方案与验收等资料给乙方。设备安装与附墙所需的预埋铁件、锚栓由乙方提供，费用由甲方支付。

6. 乙方应配合甲方做好基础预埋节（件）的安装，并按甲方的要求及时进场安装设备。附墙预埋件由甲方负责按双方确定的方案埋设。

7. 设备安装前，甲方应提供总功率为______kW 电源（380V±5%），从甲方配电室至设备的基础处的专用开关箱与电源线由甲方负责，专用开关箱至设备的电源线由乙方负责。

8. 设备在安装或拆除过程中，甲、乙双方均应派管理人员驻现场，随时协调解决安拆作业中出现的问题。设备的安装、拆除过程中，施工现场的警戒区域，甲方应根据乙方的要求划定与落实。

9. 当设备需要做附墙时，甲方应提前______-______天通知乙方，以便乙方统筹安排。

10. 乙方及时提供设备验收资料及使用过程的内业资料交付甲方使用。乙方设备进入工地后，甲方应做好设备及附件保护、保管工作。若发生丢失、毁损、灭失，甲方应承担赔偿责任。

11. 根据甲方的要求，乙方为本设备配备证件齐全______名操作司机。在租赁期间，设备司机应遵守甲方有关的劳动纪律，服从甲方项目部的管理，为甲方提供服务。甲方要合理安排作业时间，不得疲劳作业，若出现乙方配备的司机违反甲方管理制度或违反操作规程，甲方有权要求退回。

12. 在租赁期间，设备的所有权属于乙方，甲方只有使用权。甲方若需对设备进行改善或增、减部件，必须征得乙方的书面同意。

13. 甲方在工地提供宿舍______间，作为设备常用配件及司机休息之用。

14. 甲方每月应安排半天停机时间作为设备保养、检修作业时间，且不扣除租赁费。

第三条：费用结算及双方约定

1. 设备租赁费收取时间为设备安装验收合格次日起，至设备实际停用日止。设备实际停用日必须经双方书面确认。

2. 设备安（拆）、进（退）场、附着、爬升等工作内容按______计费。基础预埋件、附墙预埋件、附墙拉杆改造等费用按______计费。

3. 设备租赁费每月以______计费；设备司机工资由甲方负责按时发放，每人每月以______计费。甲方承担未及时支付工资的法律责任。

4. 甲方应保证租赁期限不少于______个月，少于______个月，按______个月结算，超出______个月时，按实际租赁时间结算。

5. 合同签订后，甲方预付设备押金______；押金不计利息不抵租金。设备安装完毕三日内，设备拆除前双方结清所有费用（含拆除退场费），乙方退还押金。

6. 若由于施工组织设计或现场情况的特殊要求，造成设备安装、拆卸无法正常进行，需增加的费用由甲方负责承担。

7. 设备如果在使用中出现故障，乙方应及时派人修理。造成设备每次停工修理时间超过一天的，每超一天租赁费应按______元/天扣除。

第四条：违约责任

1. 若由于甲方未能按约定交付租赁费，乙方有权停机直至拆除，由此产生的拆除退场费与相关损失由甲方承担。

2. 未经对方书面同意，任何一方不能中途变更或解除本合同；任何一方违反本合同约定，都应向对方偿付______违约金。

第五条：争议的解决

凡因履行本合同所发生的或与本合同有关的一切争议，甲、乙双方应通过友好协商解决；如协商无法解决，采取如下一种方式解决：

1. 提交____________仲裁委员会，根据仲裁的有关程序进行仲裁解决。

2. 诉诸＿＿＿＿＿＿法院，诉讼解决。

第六条：附则

1. 本合同一式四份，双方各持二份，具有同等法律效力。

2. 本合同自签章之日起生效，至拆机退场结清费用止自然失效。

3. 本合同未尽事宜，由双方另行签订补充协议，并与本合同具有同等法律效力。

| 甲方：（盖章） | 乙方：（盖章） |
| --- | --- |
| 法定代表人： | 法定代表人 |
| 委托代理人： | 委托代理人： |
| 电话： | 电话： |
| 地址： | 地址： |
| 签约时间：　　年　　月　　日 | 年　　月　　日 |

## 2.2.3 购置、租赁施工机械设备的技术试验内容、程序和要求

**1. 购置施工机械的验证**

购置的施工机械是否符合要求，要进行验证。购置验证有两个重要环节，一是到货验收，验证所采购的设备是否满足数量、规格、型号、外观质量等要求；二是技术试验，通过技术试验，验证所采购的设备是否满足质量要求。

第一个环节——到货验收。到货验收所要做的工作和要注意的事项如下：

（1）到货验收内容

1）依据合同核定发票、运单，检查设备、规格和数量是否相符。如发现问题，应立即向承运单位及生产厂家提出质问、索赔或拒付货款及运费。

2）开箱后依据装箱单、说明书、合格证等文件对设备的种类、规格、数量及外观的质量进行检查，发现问题应向厂家提出索赔。

3）国外引进设备的验收：

① 数量验收：由接运部门会同国家商检部门开箱验收，确认是否符合合同规定的数量；

② 引进设备质量验收时，请国外生产厂家派人参加验收，调试合格后签字确认；

③ 机械本身性能的试验，除运转检查外，主要技术数据要通过仪器、仪表检测；

④ 调试验收以后以使用单位为主写出专题报告，报上级部门归档、备案。

（2）验收手续

1）验收时机械管理部门人员和设备购置部门的人员同时参加，设备购置部门的人员负责验收设备的规格、型号、数量是否与合同相符，机械管理部门负责验收设备及其技术资料。

2）国外引进的主要设备，档案部门同时参加验收其随机技术资料。

3）验收结束，填写《固定资产验收单》（表 2-2），作为建立固定资产台账的依据。

4）验收完毕，验收人在验收单签字，向使用单位办理交接手续后，方可投入使用，未验收和未办理交接手续的设备不能投入使用。

5）验收不合格的设备，问题解决后方可验收。如需索赔，由购置部门按合同向供货方索赔。

第二个环节——技术试验。技术试验所要做的工作和要注意的事项如下：

凡新购机械或经过大修、改装、改造，重新安装的机械，在投产使用前，必须进行检查、鉴定和试运转（统称技术试验），以测定机械的各项技术性能和工作性能。

未经技术试验或虽经试验尚未取得合格签证前，不得投入使用。

（1）技术试验的内容

1）新购或自制机械必须有出厂合格证和使用说明书。

2）大修或重新组装的机械必须有大修质量检验记录或重新组装检查记录。

3）改装或改造的机械必须有改装或改造的技术文件、图纸和上级批准文件，以及改装、改造后的质量检验记录。

**固定资产验收单** **表 2-2**

资产类别　　　　　　　　　　　　验收单号：　　字 第　　号

资产编号　　　　　　　　　　　　验收日期：　　年　　月　　日

<table>
<tr><td colspan="2">资产名称</td><td></td><td>型号规格</td><td></td><td>生产厂家</td><td></td><td>出厂日期</td><td></td><td>出厂号码</td><td></td><td>新旧程度</td><td></td><td>来源</td><td></td></tr>
<tr><td rowspan="4">设备组成</td><td rowspan="2">动力</td><td>主</td><td></td><td>厂牌</td><td></td><td>型号</td><td></td><td>规格(kW)</td><td></td><td>号码</td><td></td><td>出厂年月</td><td colspan="2"></td></tr>
<tr><td>副</td><td></td><td>厂牌</td><td></td><td>型号</td><td></td><td>规格(kW)</td><td></td><td>号码</td><td></td><td>出厂年月</td><td colspan="2"></td></tr>
<tr><td colspan="2">底盘</td><td></td><td>厂牌</td><td></td><td>型号</td><td></td><td>规格</td><td></td><td>号码</td><td></td><td>出厂年月</td><td colspan="2"></td></tr>
<tr><td colspan="2">附属机组</td><td></td><td>厂牌</td><td></td><td>型号</td><td></td><td>规格</td><td></td><td>号码</td><td></td><td>出厂年月</td><td colspan="2"></td></tr>
<tr><td colspan="4">购入价值(元)</td><td colspan="2">估计重置价格(元)</td><td colspan="2">外形尺寸及自重</td><td>牌照号码</td></tr>
<tr><td>原价</td><td>配套件价值</td><td>运杂费</td><td>每台价值</td><td>完全价值</td><td>残余价值</td><td>自重(kg)</td><td>外形尺寸(mm)<br>长×宽×高</td><td rowspan="2"></td></tr>
<tr><td></td><td></td><td></td><td></td><td></td><td></td><td></td><td></td></tr>
<tr><td colspan="4">随机工具及附件</td><td rowspan="3">验收情况</td><td colspan="8" rowspan="3">一、质量是否合格？<br>二、构件是否完整齐全？<br>三、外部是否完好无损？<br>四、需要处理的问题或其他事项？</td></tr>
<tr><td>名　称</td><td>规　格</td><td>单位</td><td>数量</td></tr>
<tr><td></td><td></td><td></td><td></td></tr>
<tr><td></td><td></td><td></td><td></td><td rowspan="3">主管部门</td><td></td><td>管理</td><td></td><td>会计</td><td></td><td>验收</td><td></td></tr>
<tr><td></td><td></td><td></td><td></td></tr>
<tr><td></td><td></td><td></td><td></td></tr>
</table>

（随机工具及附件如填不下可贴条或写在背面）

（2）技术试验的程序

技术试验程序分为：试验前检查、无负荷试验、额定负荷试验、超负荷试验。试验必须按顺序进行，在上一步试验未经确认合格前，不得进行下一步试验。

1）试验前检查。机械的完整情况；外部结构装置的装配质量和工作可靠性；连接部位的紧固程度；润滑部位、液压系统的油质、油量以及电气系统的状况等，是否具备进行试验的条件。

2）无负荷试验。试验目的是熟悉操作要领，观察机械运转状况；试验起动性、操纵和控制性，必要时进行调整。各项操纵的动作均须按使用说明书要求进行。

3）负荷试验。试验是在机械不同负荷下进行，目的是对机械的动力性、经济性、安全性以及仪表信号和工作性能等作全面实际的检验，以考核是否达到机械正常使用的技术要求。负荷试验要按规定的轻负荷、额定负荷和超负荷循序进行。如果需要进行超负荷试验，要有相应的计算依据和安全措施。

（3）技术试验的要求

1）技术试验的内容和具体项目要求，除原厂有特殊规定的试验要求外，应参照建设部颁发的《建筑机械技术试验规程》（JGJ34）中的有关章节条文进行。

2）试验后要对试验过程中发生的情况或问题，进行认真的分析和处理，以便作出是否合格和能否交付使用的决定。

3）试验合格后，应按照《技术试验记录表》所列项目逐项填写，由参加试验人员共同签字，并经单位技术负责人审查签证。技术试验记录表一式两份，一份交使用单位，一份归存技术档案。

（4）进行技术试验必须注意的事项

1）参加试验人员，必须熟悉所试验机械的有关资料和了解机械的技术性能。新型机械和进口机械的试验操作人员，必须掌握操作技术和使用要领。对技术性能较复杂和价值较高的重点机械，应制定试验方案，并在单位技术负责人指导和监督下进行。

2）应选择适合试验要求的道路、坡道、场地或符合试验要求的施工现场进行试验。

3）新机械应先清除各部防腐剂和积沉杂物；重新安装的机械应做好清洁、润滑、调整和紧固工作，以保证试验的正确性。

4）在试验过程中，如发现不正常现象或严重缺陷时，应立即停止试验，待故障排除后再继续试验。

5）进口机械应按合同具体规定进行试验。

**2. 租赁机械设备**

施工项目在自有机械不能满足施工需要时，可以进行租赁。由项目部负责实施机械租赁的具体工作。

（1）项目经理部应建立良好的机械租赁联系网络，以保证在需要租用机械设备时，能准时按要求进场。

（2）机械设备租赁时，要严格合同管理，按规定签订书面机械租赁合同。

（3）机械设备的验证

租赁的机械设备进场时，应随机携带产品合格证、使用说明书、设备运行履历书等技术资料，租赁方、项目部技术人员应共同对租赁设备进行检验，检验合格后，办理设备进场手续；随机的操作人员应具备独立操作技能，携带相关的操作证书。建筑起重机械的租赁、使用，必须遵守《建筑起重机械安全监督管理规定》。

（4）项目经理部应加强对租赁设备的管理。建立租赁设备管理体系，完善设备管理职责；健全设备管理规章制度，完善设备租赁各类台账：

① 租赁机械台账：明示租赁设备的规格型号、性能、设备状况、存在的问题等；

② 租赁机械结算台账：明示机械租赁费用的支付情况；

③ 租赁机械使用台账：明示租赁机械的出勤台班、修理台班、维护保养情况等；

④ 租赁合同台账：租赁设备必须先签合同后进场。

(5) 租用单位要及时与出租单位办理租赁结算，杜绝因租赁费用结算而发生法律纠纷。

租赁设备应纳入内部设备管理，项目部负责租赁设备安全管控，督促出租方加强设备安全检查、维修保养和人员管理，保证使用安全。

# 第3章　施工机械设备安全运行、维护保养的基本知识

## 3.1　施工机械设备安全运行管理

### 3.1.1　施工机械设备安全运行管理体系的构成

**1. 设备管理的主要任务**

设备综合管理是企业设备管理的指导思想和基本制度，其主要任务有：

（1）保持设备完好

通过正确使用、精心维护、适时检修使设备保持完好状态，随时可以响应企业经营的需要，投入使用，完成生产任务。设备完好一般包括：设备零部件、附件齐全，运转正常；设备性能良好，精度、动力输出符合标准；原材料、燃料、能源、润滑油消耗正常等三个方面的内容。企业可制定本企业设备完好的具体标准，便于操作人员与维修人员执行。

（2）改善和提高技术装备素质

技术装备素质是指在技术进步的条件下，技术装备适合企业生产和技术发展的能力。通常可以用以下几项标准来衡量：①工艺适用性；②质量稳定性；③运行可靠性；④技术先进性（包括生产效率、物料与能源消耗、环境保护等）；⑤机械化、自动化程度。

改善和提高技术装备素质的主要途径，一是采用技术先进的新设备替换技术陈旧的设备；二是应用新技术改造现有设备。后者通常具有投资少、时间短、见效快的优点，应该成为企业优先考虑的方式。

（3）充分发挥设备效能

设备效能是指设备的生产效率和功能。设备生产效率是指单位时间内生产能力的大小；功能是指设备完成多项（类）生产任务的能力。

充分发挥设备效能的主要途径有：

1）合理选用技术装备和工艺规范，在保证产品质量的前提下，缩短生产时间，提高生产效率；

2）通过技术改造，提高设备的可靠性与维修性，减少故障停机和修理停歇时间，提高设备的可利用率；

3）加强生产计划、维修计划的综合平衡，合理组织生产与维修，提高设备利用率。

（4）取得良好的投资效益

设备投资效益是指设备寿命周期内总的产出与其投入之比。取得良好的设备投资效益，是设备管理的出发点和落脚点。

提高设备投资效益的根本途径在于推行设备的综合管理。首先要有正确的投资决策，

合理选购设备。其次在使用阶段，加强技术管理，保证设备充分发挥效能，创造最佳产能；同时，加强经济管理，实现最经济的寿命周期费用。

**2. 设备安全运行管理体系的设置原则**

（1）统一领导、分级管理原则

根据企业的生产规模，合理建立企业设备管理机构，实现企业设备管理系统的集约化管理。我国企业内部的设备管理工作，是在总经理（法人）的领导下，由主管设备的副经理负责，公司设备部统一管理的模式；分（子）公司、项目部建立设备管理部门。在公司设备部的管理组织下，开展各项管理活动，相互配合，保证企业设备管理系统能够正常、有序地进行工作。

（2）精干、高效原则

适用企业的管理模式，保证设备的合理调配、有效运行；助力企业生产经营目标的实现；力求精干、高效、节约。

（3）分工协作，责权利相统一的原则

各级设备管理部门之间既要合理分工，又要注意相互协作，从管理职能出发，在机构之间进行合理分工，划清职责范围，并在此基础上加强协作与配合。

（4）符合设备综合管理的要求

将使用与保养相结合；维护与计划检修相结合；修理、改造与更新相结合；专业管理与工人管理相结合；技术管理与经济管理相结合等。

**3. 文件化管理体系的建立**

管理体系明确后，各级管理部门应建立岗位责任制，明确管理职责；建立设备管理、操作、保养与维修等制度，形成本企业具有可操作性的技术标准。施工企业常用制度有“三定”制度、持证上岗制度、交接班制度、机械检查制度等。

**4. “三定”制度**

在机械设备使用中定人、定机、定岗位责任的制度称为“三定制度”。“三定”制度把机械设备使用、维护、保养等各环节的具体要求都落实到具体人身上，是行之有效的一项基本管理制度。

“三定”制度的主要内容包括坚持人机固定的原则、实行机长负责制和贯彻岗位责任制。

人机固定就是把每台机械设备和它的操作者相对固定下来，无特殊情况不得随意变动。机械设备在企业内部调拨时，原则上人随机走。

机长负责制即对按规定应配两名以上操作人员的机械设备，应任命一人为机长并全面负责机械设备的使用、维护、保养和安全。若一人使用一台或多台机械设备，该人就是这些机械设备的机长。对于无法固定使用人员的小型机械，应明确机械所在班组长为机长。也就是说，企业中每一台机械设备，都应明确相应的负责人员。

岗位责任制包括机长责任制和机组人员责任制，并对机长和机组人员的职责作出详细和明确的规定，做到责任到人。机长是机组的领导者和组织者，全体机组人员都应听从其指挥，服从其领导。

（1）“三定”制度的形式

根据机械类型的不同，定人定机有下列三种形式：

1）单人操作的机械，实行专机专责制，其操作人员承担机长职责。

2）多班作业或多人操作的机械，均应组成机组，实行机组负责制，其班组长即为机长。

3）班组共同使用的机械以及一些不宜固定操作人员的设备，应指定专人或小组负责保管和保养，限定具有操作资格的人员进行操作，实行班组长领导下的分工负责制。

（2）“三定”制度的作用

1）有利于保持机械设备良好的技术状况，有利于落实奖罚制度。

2）有利于熟练掌握操作技术和全面了解机械设备的性能、特点，便于预防和及时排除机械故障，避免事故的发生，充分发挥机械设备的效能。

3）便于做好企业定编定员工作，有利于加强劳动管理。

4）有利于原始资料的积累并保证其准确性、完整性和连续性，便于对资料的统计、分析和研究。

5）便于推广单机经济核算工作和设备竞赛活动的开展。

（3）“三定”制度的管理

1）机械操作人员，应由机械使用单位选定，报机械主管部门备案；重点机械机长的任命，还要经分管机械的企业领导批准。

2）机长或机组长确定后，应由机械建制单位任命，并应保持相对稳定，不要轻易更换。

3）企业内部调动机械时，大型机械原则上做到人随机调，重点机械则必须人随机调。

**5. 岗位责任制度**

（1）操作人员职责

1）努力钻研技术，熟悉本机的构造原理、技术性能、安全操作规程及保养规程等，达到本等级应知应会的要求。

2）正确操作和使用机械，充分发挥机械效能，完成各项定额指标，保证安全生产，降低各项消耗。对违反操作规程可能引起危险的指挥，有权拒绝并立即报告。

3）精心保管和保养机械，做好例保和规定日期的分级保养，使机械经常处于整齐清洁、润滑良好、调整适当、紧固件无松动等良好技术状态。保持机械附属装置、备品附件、随机工具等完好无损。

4）及时正确填写各项原始记录和统计报表。

5）认真执行岗位责任制及各项管理制度。

（2）机长职责

机长是不脱产的操作人员，除履行操作人员职责外，还应做到：

1）组织并督促检查全组人员对机械的正确使用、保养和保管，保证完成施工生产任务。

2）检查并汇总各项原始记录及报表，及时准确上报，组织机组人员进行单机核算。

3）组织并检查交接班制度执行情况。

4）组织本机组人员的技术业务学习，并对他们的技术考核提出意见。

5）组织好本机组内部及兄弟机组之间的团结协作和竞赛。

使用机械的班组，班组长也应履行上述职责。

（3）项目部机械员的职责

1）贯彻落实公司各项机管制度、规定，在本项目部的主管领导下开展工作，完成项目部安排的任务。

2）负责落实“三定”制度，负责对操作人员的业务指导、技术培训、安全教育等。

3）负责本项目部的设备检查和技术状况评定工作。

4）负责本项目部的机械资产管理工作，对所在工程的机械设备建立台账，做到账、物相符。

5）负责机械进入现场后，对机械进行检查和验收，并填写技术性能鉴定表。

6）负责本项目部的机械的保养及维修。努力钻研技术，不断提高保养、维修技术水平，按照“十字”作业法（调整、紧固、润滑、清洁、防腐）做好例行保养工作，保证维修质量，使机械经常处于良好状态。

7）负责监督、指导本项目部机械的正确使用。有权制止违章操作。指导操作人员掌握操作技能。

8）做好设备技术经济指标考核和机械事故记录。

**6. 持证上岗制度**

（1）为了加强对机械使用和操作人员的管理，更好地贯彻“三定”责任制，保障机械合理使用，安全运转，凡机械操作人员（特种作业人员除外），都要经过该机种的技术考核合格后，取得操作证，方可独立操作该种机械。如需增加考核合格的机种，可在操作证上一一列出。

（2）技术考核方法主要是现场实际操作，同时进行基础理论考核。考核内容主要是熟悉本机种操作技术，懂得本机种的技术性能、构造、工作原理和操作、保养规程，掌握本机种的保养和故障排除知识。考核不合格人员，应在合格人员指导下进行操作实践，并再次考核。经过三次考核仍不合格者，应调换其他工作。

（3）操作证企业每年组织一次审验，审验内容包括操作人员的健康状况和奖惩、事故等记录，审验结果填入操作证有关记事栏。未经审验或审验不合格人员，不得继续操作机械。

（4）特种作业人员必须持有省建设主管部门颁发的特种作业操作资格证书。

（5）凡符合下列条件的人员，经培训考试合格并取得合格证后，方可独立操作机械设备：

1）年满十八岁，具有初中以上文化程度。

2）身体健康，听力、视力、血压正常，适合高空作业和无影响机械操作的疾病。

3）经过一定时间的专业学习和专业实践，懂得机械性能、安全操作规程、保养规程并有一定的实际操作技能。

（6）企业签发机械操作证，由企业设备、人力资源等部门共同组织，负责培训、考试、审验等工作。

（7）机械操作人员应随身携带操作证以备随时检查，如出现违反操作规程而造成事故者，除按情节轻重进行处理外，可将其操作证暂时收回或长期撤销。

（8）严禁无证操作机械，更不能违章操作。如领导令其操作而造成事故，应由领导负全部责任。学员必须在有操作证的技术熟练师傅指导的情况下，方能操作机械设备，指导师傅应对实习人员的操作负责。

（9）特种作业操作资格证书一律由省建设主管部门颁发，企业不再另发操作证。

**7. 交接班制度**

（1）交接班制

1）在多班作业或多人轮流操作时，为增加操作人员间对机械运行情况的了解，交代问题，分清责任，防止机械损坏和附件丢失，保证施工生产的连续进行，必须建立交接班制度作为岗位责任制的组成部分。

2）机械交接班时，交接双方都要全面检查，做到不漏项目，交接清楚，由交方负责填写交接班记录，接方核对相符签收后，交方始能下班。如双班作业晚班和早班人员不能见面时，应以交接班记录双方签字为凭。交接班的内容如下：

① 交清本班任务完成情况、工作面情况及其他有关注意事项或要求；

② 交清机械运转及使用情况，重点介绍有无异常情况及处理经过；

③ 交清机械保养情况及存在问题；

④ 交清机械随机工具、附件等情况；

⑤ 填好本班各项原始记录。

3）交接班记录簿由机械管理部门于月末更换，收回的记录簿是机械使用中的原始记录，应保存备查。机械管理人员应经常检查交接班记录的填写情况，并作为操作人员日常考核依据之一。

（2）机械设备调拨

1）机械设备调拨时，调出单位应保证机械设备技术状况的完好，不得拆换机械零件，并将机械的随机工具、机械履历书和交接技术档案一并交接；

2）如遇特殊情况，附件不全或技术状况很差的设备，交接双方先协商取得一致后，按双方协商的结果交接，并将机械状况和存在的问题、双方协商解决的意见等报上级主管部门备核；

3）机械设备调拨交接时，原机械操作人员向双方交底，原则上规定机械操作人员随机调动，不能随机调动的驾驶员应将机械附件、机械技术状况、原始记录、技术资料作出书面交接；

4）机械交接时必须填写交接单（表 3-1），对机械状况和有关资料逐项填写，最后由双方经办人和单位负责人签字，作为转移固定资产和有关资料转移的凭证。机械交接单一式四份。

**8. 机械检查制度**

（1）机械检查制度

1）机械设备检查是促进机械管理，提高机械完好率、利用率，确保安全生产，改进服务态度的有效措施。

2）机械检查的主要内容：检查机械技术状况、安全状况、附件、备品工具、资料、记录、保养、操作、消耗、质量等情况，并对机械使用人员进行技术考核。

① 检查机械使用单位对于机械管理工作的认识，是否重视机械管理工作，并纳入议事日程；

② 检查规章制度的建立、健全和贯彻执行情况；

**机械交接单** **表 3-1**

调动依据： 编号： 交接日期： 年 月 日

| 管理编号 | 机械名称 | 厂牌 | 型号规格 | 出厂年月 | 出厂编号 | 其他 |
|---|---|---|---|---|---|---|
| | | | | | | |

交接情况： 机械履历书一本

<table>
<tr><td>项目</td><td colspan="4">技术状况</td><td>项目</td><td>技术状况</td></tr>
<tr><td rowspan="2">动力部分</td><td>厂型</td><td></td><td>编号</td><td></td><td rowspan="2">操作工作部分</td><td rowspan="2"></td></tr>
<tr><td colspan="4"></td></tr>
<tr><td>机身部分</td><td colspan="4"></td><td>仪表、照明及信号装置</td><td rowspan="3"></td></tr>
<tr><td rowspan="2">底盘行走部分</td><td>厂型</td><td></td><td>编号</td><td></td><td rowspan="2">附件及随机工具</td></tr>
<tr><td colspan="4"></td></tr>
</table>

| 交机单位 | | 交机负责人 | | 交机经手人 | | 接机单位 | | 接机负责人 | | 接机经手人 | |
|---|---|---|---|---|---|---|---|---|---|---|---|

新机械交接：(1) 按机械验收、试运转规定办理。(2) 交接手续同上。

③ 检查管理机构和机务人员配备情况；

④ 检查技术培训及各级机务人员素质情况；

⑤ 检查机械技术状况及完好率、利用率情况；

⑥ 检查机械安全使用、维修、保养、管理情况；

⑦ 检查机械使用维修的运行效果。

3）机械检查的组织实施

① 每季度企业管理部门组织由各机械使用单位参加的机械大检查，对检查中发现的安全隐患，以书面形式通知，定人定期限定措施解决。

② 机械设备使用单位凡不按规定要求组织机械检查或检查不细，安全隐患不及时消除，发生机械事故的，依法予以责任追究。

（2）起重机械专项检查

1）起重机械使用单位应按制度经常检查起重机械的技术性能和安全状况，包括年度检查、季度检查、月度检查、每周检查和每日检查。

2）每月对在用的起重机械至少进行一次全面检查，其中载荷试验可以结合吊运相当于额定起重量的重物进行，并按额定速度进行起升、回转、变幅、行走等机构安全性能检查。

3）每季度进行的检查至少应包括下列项目：

① 安全装置、制动器、离合器等有无异常情况；

② 吊钩有无损伤；

③ 钢丝绳、滑轮组、索具等有无损伤；

④ 配电线路、集电装置、配电盘、开关、控制器等有无异常情况；

⑤ 液压保护装置、管道连接是否正常；

⑥ 顶升机构，主要受力部件有无异常和损伤；

⑦ 轨道的安全状况；道轨的接地情况是否符合技术要求；

⑧ 钢结构、传动机构的检查；

⑨ 行走电缆的绝缘及损坏情况；

⑩ 大型起重机械的防风、防倾覆措施的落实情况；

⑪ 起重机械的安装、拆除、维修资料是否齐全、规范。

4）每月（包含停用一个月以上的起重机械在重新使用前）至少应检查下列项目：

① 安全装置、制动器、离合器等有无异常情况；

② 吊钩有无损伤；

③ 钢丝绳、滑轮组、索具等有无损伤；

④ 配电线路、集电装置、配电盘、开关、控制器等有无异常情况；

⑤ 液压保护装置、管道连接是否正常；

⑥ 顶升机构，主要受力部件有无异常和损伤。

5）每周检查项目

① 各类极限位置限制器、制动器、离合器、控制器以及电梯门联锁开关，紧急报警装置等；

② 钢丝绳、滑轮组、索具等有无损伤；

③ 配电线路、集电装置、配电盘、开关、控制器等有无异常情况；

④ 液压保护装置、管道连接是否正常；顶升机构，主要受力部件有无异常和损伤。

6）每日作业前应检查的项目

① 各类极限位置限制器、制动器、离合器、控制器以及电梯门联锁开关，紧急报警装置等；

② 轨道的安全状况；

③ 钢丝绳、吊索、吊具的安全状况。

经检查发现起重机械有异常情况或损伤时，必须及时处理，严禁带病作业。

（3）监督检查工作内容

1）积极宣传有关机械设备管理的规章制度、标准、规范，并监督施工中的贯彻执行情况。

2）对机械设备操作人员、管理人员进行违章检查。对违章作业、瞎指挥、不遵守操作规程和带病运转的机械设备及时进行纠正。

3）参与机械事故调查分析并提出改进意见，对事故的真实性提出怀疑时，有权进行复查。

4）向企业主管部门领导反映机械设备管理、使用中存在的问题并提出改进意见。

5）监督检查不遵守规程、规范使用机械设备的人和事，经劝阻无效时，有权令其停止作业，并开出整改通知单；如违章单位或违章人员未按“整改通知单”在规定期内解决提出的问题，应按规定依据情节轻重处以罚款或停机整改。

### 3.1.2　施工机械的分类与重点机械的管理

**1. 施工机械的分类**

目前，对施工机械的称呼有很多种，如：施工机械、工程机械、建筑施工机械等，甚至国家、各省出版的规程、规范中的称呼也不统一。为方便记忆，本书统一称为施工机械。

按照《固定资产分类与代码》GB/T 14885 规定，常用的施工机械分属于机械设备、工程机械两大门类。机械设备内含有的施工机械有：金属加工、起重设备、泵、风机、气体压缩机等种类。工程机械内含有的施工机械有：挖掘机械、铲土运输机械、工程起重机械、工业车辆、压实机械、路面养护机械、桩工机械、混凝土机械、凿岩与掘进机械、钢筋与预应力机械、气动工具、装修与高处作业机械、其他工程机械等种类。每一个种类内又含有许多小类。

按照工种，施工机械分为：土建工程机械、市政工程机械、基础工程机械、装修工程机械、安装工程机械等。常见土建工程机械有工程起重机械、混凝土机械、钢筋与预应力机械等种类；市政工程机械有挖掘机械、铲土运输机械等种类；基础工程机械有桩工机械、凿岩与掘进机械、挖掘机械等种类；装修工程机械有装修与高处作业机械、其他工程机械等种类；安装工程机械有金属加工、起重设备、泵、风机、气体压缩机等种类。

**2. 施工机械的编号**

为方便识别，避免混淆，便于机械设备管理，应对构成固定资产的机械设备逐台统一编号。编号时应注意以下几点：

（1）机械统一编号应由企业机械管理部门在机械验收转入固定资产时统一编排，编号一经确定，不得任意改变。

（2）报废或调出本系统的机械，其编号应立即作废，不得继续使用。

（3）机械的主机和附机、附件均应用同一编号。

（4）编号标志的位置。大型机械设备可在主机机体指定的明显位置喷涂单位名称及统一编号，其所用字体及格式应统一。小型和固定安装机械可用统一式样的金属标牌固定于机体上。

（5）编号方式可参考《固定资产分类与代码》GB/T 14885。为便于记忆，企业也可采取字母和数字混合编号方法。企业应制定企业标准（制度），对本企业施工机械编号进行统一管理。

**3. 重点机械的管理**

（1）重点机械的选定

重点机械的选定方法通常有经验判定法和 ABC 分析法两种。运用 ABC 分析法，根据机械使用发生故障后和修理停机时对生产、质量、成本、安全、维修等方面的影响程度和造成的损失大小等因素，将设备划分为三类：A 类为重点机械，B 类为主要机械，C 类为一般机械。重点机械的选定依据可参考表 3-2。

选定重点设备时，可依据分项评分法。即将表 3-3 中的五个方面，具体分解成 8 个项目，每个项目按三种情况定出评分标准及分值，对每台机械进行评分，根据分值高低将机械分为 A、B、C 三类，其中 A 类重点机械不超过 10%，如表 3-3 所示。

**重点机械选定依据** **表 3-2**

| 影响关系 | 选定依据 |
|---|---|
| 生产方面 | (1)关键施工工序中必不可少而又无替换的机械<br>(2)利用率高并对均衡生产影响大的机械<br>(3)出故障后影响生产面大的机械<br>(4)故障频繁,经常影响生产的机械 |
| 质量方面 | (1)施工质量关键工序上无代用的机械<br>(2)发生故障即影响施工质量的机械 |
| 成本方面 | (1)购置价格高的高性能、高效率机械<br>(2)耗能大的机械<br>(3)修理停机对产量、产值影响大的机械 |
| 安全方面 | (1)出现故障或损坏时可能发生事故的机械<br>(2)对环境保护及作业有严重影响的机械 |
| 维修方面 | (1)结构复杂、精密,损坏后不易修复的机械<br>(2)停修期长的机械<br>(3)配件供应困难的机械 |

**施工机械分项评分表** **表 3-3**

| 序号 | 项　目 | 分值 | 评分标准 |
|---|---|---|---|
| 1 | 运转情况 | 5<br>3<br>1 | 每月大于 200 台时<br>每月大于 100 台时<br>每月小于 100 台时 |
| 2 | 有无替代 | 5<br>3<br>1 | 无替代<br>有替代,但代价大、效率低<br>有替代,对生产无影响 |
| 3 | 故障时对其他机械的影响程度 | 5<br>3<br>1 | 影响范围较大<br>局部受影响<br>无影响 |
| 4 | 对施工生产的质量影响 | 5<br>3<br>1 | 对质量有决定性的影响<br>对质量有一定的影响<br>对质量无影响 |
| 5 | 修理的难易程度 | 5<br>3<br>1 | 停修期在 30 天<br>停修期在 11～30 天<br>停修期在 10 天以下 |
| 6 | 配件供应情况 | 5<br>3<br>1 | 市场难以买到,又不能自制<br>购买或自制周期长<br>可随时购买或自制 |
| 7 | 故障造成的影响 | 5<br>3<br>1 | 容易产生机械或人身事故<br>影响作业环境<br>无影响 |
| 8 | 机械购置价格(原值) | 5<br>3<br>1 | 20 万元以上<br>5～20 万元<br>5 万元以下 |

根据机械的评分值，确定 A、B、C 三类机械的分值范围，A 类机械的分值在 32 分及以上；B 类机械的分值为 18 分及以上，32 分以下；C 类机械的分值为 18 分以下。A、B 两类机械是保证施工生产顺利进行和设备安全运行的重点，应重点管理。

(2) 重点机械的管理

对重点机械的管理应实行五优先（日常维护和故障排除、维修、配件准备、更新改造、承包与核算）。具体要求如下：

1）建立重点机械台账及技术档案，内容必须齐全，并有专人管理。

2）重点机械上应有明显标志，可以在编号前加符号（A）。

3）重点设备的操作人员必须严格选拔，能正确操作和做好维护保养，人机要相对稳定。

4）重点机械应分机型逐台编制操作规程，明示张挂并严格执行。

5）明确专职维修人员，逐台落实定期定点检修（保养）内容。

6）对重点机械优先采用监测诊断技术，组织好重点机械的故障分析和管理。

7）重点机械的配件应优先储备。

8）对重点机械的各项考核指标与奖惩金额应适当提高。

9）对重点机械尽可能实行集中管理，采取租赁和单机核算，力求提高经济效益。

10）重点机械的修理、改造、更新等计划，要优先安排，认真落实。

11）加强对重点机械的操作和维修人员的技术培训。

A、B、C三类机械的管理、维修对策如表3-4所示。

**A、B、C三类机械的管理、维修对策** **表3-4**

| 类别<br>项目 | A类 | B类 | C类 |
|---|---|---|---|
| 机械购置 | 企业组织论证 | 机械部门组织论证 | 不论证，一般选用 |
| 机械验收 | 企业组织验收 | 机械部门组织验收 | 使用单位验收 |
| 机械登记卡片 | 集中管理 | 使用单位管理 | 可不要求 |
| 机械技术档案 | 内容齐全、重点管理 | 内容符合要求 | 不要求 |
| 三定责任制 | 严格定人定机定岗，合格率100% | 定人定机定岗，合格率80% | 一般不要求 |
| 操作证 | 经过实操技术培训，考核合格后颁发 | 经过工种培训，考核合格后颁发 | 一般不要求 |
| 操作规程 | 专用 | 通用 | 通用 |
| 保养规程 | 专用 | 通用 | 通用 |
| 故障分析 | 分析探索维修规律 | 一般分析 | 不分析 |
| 维修制度 | 重点预防维修 | 预防维修 | 可事后维修 |
| 维修计划 | 重点保证 | 尽可能安排 | 一般照顾 |
| 修理分类 | 分大修、中修及小修 | 分大修、中修及小修 | 不分类 |
| 改善性修理 | 重点实施 | 一般实施 | 不要求 |
| 维修记录 | 齐全 | 一般记录 | 不要求 |
| 维修力量配备 | 高级修理工、主要维修力量 | 一般维修力量 | 适当照顾 |
| 配件储备 | 重点储备零部件及总成，供应率100% | 储备常用零部件，供应率80% | 少量储备 |
| 各项技术经济指标 | 重点考核 | 一般考核 | 不考核 |
| 红旗设备 | 重点评比 | 一般评比 | 不评比 |
| 安全检查 | 每月一次 | 每季一次 | 每年一次 |

注：A类指重点机械，B类指主要机械，C类指一般机械。

### 3.1.3 施工机械的库存管理

**1. 施工机械的库存保管**

（1）施工机械保管

1）施工机械仓库要建立在交通方便、地势较高、地面坚实易于排水的地方。仓库内要有完善的防火安全措施和通风条件，并配备必要的起重设备。根据机械类型及存放保管的不同要求，可建立露天仓库、棚式仓库及室内仓库等，各类仓库不宜距离过远，以便于管理。

2）施工机械存放时，要根据其构造、重量、体积、包装等情况，选择相应的仓库，对不宜日晒雨淋，但受风沙与温度变化影响较小的机械，如汽车、内燃机、空压机等和一些装箱的机电设备，可存放在棚式仓库。对受日晒雨淋和灰沙侵入易受损害、体积较小、搬运较方便的设备，如加工机床、小型机械、电气设备、工具、仪表以及机械的备品配件和橡胶制品、皮革制品等，应储存在室内仓库。

（2）出入库管理

1）施工机械入库要凭机械管理部门的机械入库单办理入库手续，要核对机械型号、规格、名称等是否相符，认真清点随机附件、备品配件、工具及技术资料，经点收无误确认后，将入库单一联退机械管理部门以示接收入库，并及时登记建立库存卡片。

2）施工机械出库必须凭机械管理部门的机械出库单办理出库手续。原随机附件、工具、备品配件及技术资料等要随机交给领用单位，并办理签证。

3）仓库管理人员对库存机械应定期清点、年终盘点、对账核物，做到账物相符，并将盘点结果制表报送机械管理部门。

**2. 库存机械的保养**

1）清除机体上的尘土和水分。

2）检查零件有无锈蚀现象，封存油是否变质，干燥剂是否失效，必要时进行更换。

3）检查并排除漏水、漏油现象。

4）有条件时使机械原地运转几分钟，并使工作装置动作，以清除相对运动零件配合表面的锈蚀，改善润滑状况和改变受压位置。

5）电动机械根据情况进行通电检查。

6）选择干燥天气进行保养，并打开库房门窗和机械的门窗进行通气。

**3. 施工机械封存**

（1）施工机械封存管理规定

为了加强施工机械的维护管理，消除存放机械设备无人管理的现象，防止或减轻自然条件对施工机械的侵蚀损坏，保证封存施工机械处于完全良好的状态，一般规定如下：

1）封存时间的规定。凡计划连续在三个月以上不用的完好的施工机械，都要进行封存，集中统一管理。

2）封存施工机械的停放地点，原则上选择室内仓库。大型施工机械露天存放时，应做到上盖下垫。中小型机械放入停机棚或库房。

3）施工机械技术状况必须完好，随时发动随时可以工作，并在封存前进行一次彻底的保养检查，损坏、待修的设备不能与完好的设备混在一起封存。

（2）施工机械封存的技术要求

1）清除机械设备外部污垢并补漆；

2）各润滑部位加足润滑油；

3）向发动机气缸内加注机油，然后转动曲轴数圈，使机油均匀涂在缸壁和活塞上；

4）放尽机械内存水；

5）放尽油箱内全部燃油；

6）所有未刷漆表面涂上黄油，再用不透水的纸贴盖；

7）轮胎式机械应将整机架高，使轮胎脱离地面，消除机械对轮胎及弹簧钢板的压力，并降低轮胎气压的20％～30％；

8）封闭驾驶室或操作室；

9）露天存放的机械用帆布盖好，尽量做到不受阳光的直接照射。

（3）封存期间的保养

1）每旬一次的检查内容：

① 检查设备的外部有无异常。

② 检查精密工作面和活动关节的防护情况。

③ 检查其遮盖物品有无潮湿、霉烂和破损，必要时晾晒和缝补。

2）每日一次保养内容：

① 检查全部密封点，必要时补封。

② 对有内燃机的设备进行发动、运转5～10分钟，按封存机械的技术要求重新密封发动机。封存机械设备明细表见表3-5。

**封存机械设备明细表（参考）** **表3-5**

填报单位： 年 月 日

| 序号 | 机械编号 | 机械名称 | 规格型号 | 技术状况 | 封存时间 | 封存地点 | 备注 |
|---|---|---|---|---|---|---|---|
| | | | | | | | |
| | | | | | | | |
| | | | | | | | |
| | | | | | | | |
| | | | | | | | |

单位主管： 机械部门： 制表：

### 3.1.4 施工机械的报废

**1. 施工机械的报废**

（1）施工机械报废条件

施工机械凡具有下列条件之一者，则可申请报废：

1）机型老旧、性能低劣或属于淘汰机型，主要配件供应困难。

2）长期使用后，已达到或超过使用年限，各总成的基础件损坏严重者，危及安全的。

3）长期使用后，虽未达到报废年限，但损坏严重，修理费用过高者。

4）燃料消耗超过规定的20％以上者。

5）因意外事故使主要总成及零部件损坏，已无修复可能或修理费过高者。

6）经大修后虽能恢复技术性能，但不如更新经济的。

7）自制的非标准设备，经生产验证不能使用且无法改造的。

8）国家或部门规定淘汰的设备。

（2）机械设备报废手续

1）属固定资产的施工机械报废时，都要经过技术鉴定，符合报废条件者方可报废。

2）凡经鉴定要报废的施工机械，需填写“施工机械报废申请单”（表 3-6），并附有主要技术参数的说明，报上级审批。

3）上报的“施工机械报废申请单”批复后方可删除固定资产台账。

**施工机械报废申请单（参考）** **表 3-6**

填报单位:年　　月　　日

| 管理编号 | | 机械名称 | | 规　格 | |
|---|---|---|---|---|---|
| 厂　牌 | | 发动机号 | | 底盘号 | |
| 出厂年月 | | 规定使用年限 | | 已使用年限 | |
| 机械原值 | | 已提折旧 | | 机械残值 | |
| 报废净值 | | 停放地点 | | 报废审批权限 | |
| 设备现状及报废原因 | | | | | |
| 鉴定意见 | | | | 审批签章 | |
| 审　批<br>意　见 | | | | 审批签章 | |
| 备　注 | | | | | |

（3）报废施工机械的管理

1）已经上级批准报废的施工机械，可根据工程的需要和机械设备状况，在保证安全生产的前提下留用，也可以进行整机处理，收回残值上交财务。

2）已经上级批准报废的车辆，应将车上交到指定回收公司进行回收，注销牌照。

3）报废留用的机械应建立相应的台账，做到账物相符。

**2. 建筑起重机械的报废**

近年来，老旧建筑起重机械存在的安全隐患越来越明显，严重的甚至造成机毁人亡的事故。

建设部第 659 号文件规定了各类塔式起重机和施工升降机的使用年限。超过规定使用年限的塔式起重机和施工升降机普遍存在设备结构疲劳、锈蚀、磨损、变形等安全隐患。文件规定超过使用年限的应由有资质评估机构评估合格后，方可继续使用。

《建筑起重机械安全监督管理规定》第七条：有下列情形之一的建筑起重机械，不得出租、使用：

（一）属国家明令淘汰或者禁止使用的；

（二）超过安全技术标准或者制造厂家规定的使用年限的；

（三）经检验达不到安全技术标准规定的；

（四）没有完整安全技术档案的；

（五）没有齐全有效的安全保护装置的。

《建筑起重机械安全监督管理规定》第八条：建筑起重机械有本规定第七条第（一）、（二）、（三）项情形之一的，出租单位或者自购建筑起重机械的使用单位应当予以报废，并向原备案机关办理注销手续。

### 3.1.5 施工机械设备使用运行中的控制重点

**1. 施工机械的使用登记**

项目开工前，项目部机械员应根据项目施工需要，充分征求施工技术人员意见，编制施工机械申请计划。计划中，应注明所需施工机械的名称、规格（型号）、数量、进场时间等。施工机械申请计划经项目负责人签字后，上交公司设备管理部门。

工程规模较大、工期较长的项目，或设计变更较大的项目应定期（每月、季）编制施工机械进场计划，在申请计划范围内，列出本期进场施工机械的准确计划。进场计划应注明所需施工机械的名称、规格（型号）、数量、进场时间等。施工机械进场计划经项目负责人签字后，上交公司设备管理部门。

公司设备管理部门根据施工机械申请计划、进场计划组织、落实施工机械，并按计划时间组织施工机械进场。

设备部门应提供功能达到要求、安全装置齐全、环保型的完好施工机械。

项目部机械员对进场施工机械的工作性能、环保要求、安全装置等进行检查验收，并填写“机具、设备检验验收单”，方可办理移交使用手续，投入使用。对于有安全隐患，不能安全运行及污染排放超标的设备不许进入施工现场。进场施工机械应随机移交机械履历书等运行、维修记录。

项目部应建立施工机械管理台账，如实填写施工机械运行、维修记录。

建筑起重机械安装验收合格之日起 30 日内，将建筑起重机械安装验收资料、建筑起重机械安全管理制度、特种作业人员名单等，向工程所在地县级以上地方人民政府建设主管部门办理建筑起重机械使用登记。登记标志置于或者附着于该设备的显著位置。

**2. 对施工机械操作人员的安全技术交底**

根据《建设工程安全生产管理条例》（中华人民共和国国务院令第 393 号）第二十七条规定：建设工程施工前，施工单位负责项目管理的技术人员应当对有关安全施工的技术要求向施工作业班组、作业人员作出详细说明，并由双方签字确认。

（1）安全技术交底内容

1）工程概况和施工机械各项技术经济指标和要求；

2）施工机械的正确安装（拆卸）工艺、作业程序、操作方法及注意事项；

3）安全注意事项；

4）对安装（拆卸）、操作人员的要求。

（2）安全技术交底要求

1）安全技术交底必须符合规范、规程的相应规定，同时符合各行业制定的有关规定、准则以及所在省市地方性的具体政策和法规的要求；

2）安全技术交底必须执行国家各项技术标准。施工企业制定的企业工艺标准、管理标准等技术文件也可以作为交底内容；

3）安全技术交底还应符合实施设计图的要求，符合施工组织设计或专项方案的要求，包括技术措施、施工进度等要求；

4）对不同层次的操作人员，其技术交底深度与详细程度不同，对不同人员的交底要有针对性；

5）安全技术交底应通过书面文件方式予以确认；

6）安全技术交底工作完毕后，所有参加交底的人员必须履行签字手续，被交底人、交底人、安全员三方各留执一份，并记录存档。

**3. 对施工机械操作人员的管理**

（1）建立施工机械操作人员管理制度、施工机械操作规程及维护保养制度、奖罚措施；

（2）加强对机械操作人员遵章守纪、到岗到位、服务情况的监督、检查，杜绝违章作业；

（3）对机械操作人员进行进场安全教育、安全技术交底，提高其安全操作水平；

（4）向机械操作人员提供齐全、合格的安全防护用品和安全的作业条件；

（5）监督、帮助机械操作人员进行施工机械的保养、维护。对发现的机械故障及时排除，严禁带病作业；

（6）组织或者委托有能力的培训机构对机械操作人员进行年度安全生产教育培训或者继续教育；

（7）建立机械操作人员管理档案。

**4. 施工机械的安装和验收**

（1）进入施工现场的机械，必须保持技术状况完好，安全装置齐全、灵敏、可靠，机械编号和技术标牌完整、清晰。起重、运输机械应经年审并具有合格证。

（2）需要在现场安装的机械，应根据机械技术文件（随机说明书、安装图纸和技术要求等）的规定进行安装。大型设备的安装、拆卸，都必须制定专项施工方案，经审批后方可实施。大型设备的安装必须由具有资质证件的专业队承担，要按有针对性的安拆方案进行作业。建筑起重机械（如塔式起重机、施工升降机）的安装、拆卸，应由安装单位编制建筑起重机械安装、拆卸工程专项施工方案，并由本单位技术负责人签字；施工前，必须告知工程所在地县级以上地方人民政府建设主管部门，具体按照《建筑起重机械安全监督管理规定》执行。

（3）施工机械安装要有专人负责，安装完毕应按规定进行技术试验，并按照分级管理的要求，由主管部门组织验收合格后方可交付使用。

（4）电力拖动的机械要做到一机、一闸、一箱，漏电保护装置灵敏可靠，电气元件、接地、接零和布线符合规范要求，电缆卷绕装置灵活可靠。

（5）现场机械的明显部位或机棚内要悬挂切实可行的简明安全操作规程和岗位责任标牌。

### 3.1.6 施工机械设备安全检查评价方法

施工机械设备的安全运行是施工现场安全的重要组成部分。为科学评价建筑施工现场施工机械设备的安全运行，预防机械安全事故的发生，保障施工人员的安全和健康，促进文明施工的管理水平，实现安全检查工作的标准化，应定期对施工机械设备进行安全检查、评价。检查评价主要依据是《建筑施工安全检查标准》JGJ 59—2011。

**1. 物料提升机检查评定项目**

（1）物料提升机检查评定应符合现行行业标准《龙门架及井架物料提升机安全技术规范》JGJ 88 的规定。

（2）物料提升机检查评定保证项目应包括：安全装置、防护设施、附墙架与缆风绳、钢丝绳、安拆、验收与使用。一般项目应包括：基础与导轨架、动力与传动、通信装置、卷扬机操作棚、避雷装置。

（3）物料提升机保证项目的检查评定应符合下列规定：

1）安全装置

① 应安装起重量限制器、防坠安全器，并应灵敏可靠；

② 安全停层装置应符合规范要求，并应定型化；

③ 应安装上行程限位并灵敏可靠，安全越程不应小于 3m；

④ 安装高度超过 30m 的物料提升机应安装渐进式防坠安全器及自动停层、语音影像信号监控装置。

2）防护设施

① 应在地面进料口安装防护围栏和防护棚，防护围栏、防护棚的安装高度和强度应符合规范要求；

② 停层平台两侧应设置防护栏杆、挡脚板，平台脚手板应铺满、铺平；

③ 平台门、吊笼门安装高度、强度应符合规范要求，并应定型化。

3）附墙架与缆风绳

① 附墙架结构、材质、间距应符合产品说明书要求；

② 附墙架应与建筑结构可靠连接；

③ 缆风绳设置的数量、位置、角度应符合规范要求，并应与地锚可靠连接；

④ 安装高度超过 30m 的物料提升机必须使用附墙架；

⑤ 地锚设置应符合规范要求。

4）钢丝绳

① 钢丝绳磨损、断丝、变形、锈蚀量应在规范允许范围内；

② 钢丝绳夹设置应符合规范要求；

③ 当吊笼处于最低位置时，卷筒上钢丝绳严禁少于 3 圈；

④ 钢丝绳应设置过路保护措施。

5）安拆、验收与使用

① 安装、拆卸单位应具有起重设备安装工程专业承包资质和安全生产许可证；

② 安装、拆卸作业应制定专项施工方案，并应按规定进行审核、审批；

③ 安装完毕应履行验收程序，验收表格应由责任人签字确认；

④ 安装、拆卸作业人员及司机应持证上岗；

⑤ 物料提升机作业前应按规定进行例行检查，并应填写检查记录；

⑥ 实行多班作业、应按规定填写交接班记录。

(4) 物料提升机一般项目的检查评定应符合下列规定：

1) 基础与导轨架

① 基础的承载力和平整度应符合规范要求；

② 基础周边应设置排水设施；

③ 导轨架垂直度偏差不应大于导轨架高度 0.15%；

④ 井架停层平台通道处的结构应采取加强措施。

2) 动力与传动

① 卷扬机曳引机应安装牢固，当卷扬机卷筒与导轨底部导向轮的距离小于 20 倍卷筒宽度时，应设置排绳器；

② 钢丝绳应在卷筒上排列整齐；

③ 滑轮与导轨架、吊笼应采用刚性连接，并应与钢丝绳相匹配；

④ 卷筒、滑轮应设置防止钢丝绳脱出装置；

⑤ 当曳引钢丝绳为 2 根及以上时，应设置曳引力平衡装置。

3) 通信装置

① 应按规范要求设置通信装置；

② 通信装置应具有语音和影像显示功能。

4) 卷扬机操作棚

① 应按规范要求设置卷扬机操作棚；

② 卷扬机操作棚强度、操作空间应符合规范要求。

5) 避雷装置

① 当物料提升机未在其他防雷保护范围内时，应设置避雷装置；

② 避雷装置设置应符合现行行业标准《施工现场临时用电安全技术规范》JGJ46 的规定。

**2. 施工升降机检查评定项目**

(1) 施工升降机检查评定应符合现行国家标准《施工升降机安全规程》GB 10055 和现行行业标准《建筑施工升降机安装、使用、拆卸安全技术规程》JGJ 215 的规定。

(2) 施工升降机检查评定保证项目应包括：安全装置、限位装置、防护设施、附墙架、钢丝绳、滑轮与对重、安拆、验收与使用。一般项目应包括：导轨架、基础、电气安全、通信装置。

(3) 施工升降机保证项目的检查评定应符合下列规定：

1) 安全装置

① 应安装起重量限制器，并应灵敏可靠；

② 应安装渐进式防坠安全器并应灵敏可靠，应在有效的标定期内使用；

③ 对重钢丝绳应安装防松绳装置，并应灵敏可靠；

④ 吊笼的控制装置应安装非自动复位型的急停开关，任何时候均可切断控制电路停

止吊笼运行；

⑤ 底架应安装吊笼和对重缓冲器，缓冲器应符合规范要求；

⑥ SC 型施工升降机应安装一对以上安全钩。

2）限位装置

① 应安装非自动复位型极限开关并应灵敏可靠；

② 应安装自动复位型上、下限位开关并应灵敏可靠，上、下限位开关安装位置应符合规范要求；

③ 上极限开关与上限位开关之间的安全越程不应小于 0.15m；

④ 极限开关、限位开关应设置独立的触发元件；

⑤ 吊笼门应安装机电联锁装置并应灵敏可靠；

⑥ 吊笼顶窗应安装电气安全开关并应灵敏可靠。

3）防护设施

① 吊笼和对重升降通道周围应安装地面防护围栏，防护围栏的安装高度、强度应符合规范要求，围栏门应安装机电联锁装置并应灵敏可靠；

② 地面出入通道防护棚的搭设应符合规范要求；

③ 停层平台两侧应设置防护栏杆、挡脚板，平台脚手板应铺满、铺平；

④ 层门安装高度、强度应符合规范要求，并应定型化。

4）附墙架

① 附墙架应采用配套标准产品，当附墙架不能满足施工现场要求时，应对附墙架另行设计，附墙架的设计应满足构件刚度、强度、稳定性等要求，制作应满足设计要求；

② 附墙架与建筑结构连接方式、角度应符合产品说明书要求；

③ 附墙架间距、最高附着点以上导轨架的自由高度应符合产品说明书要求。

5）钢丝绳、滑轮与对重

① 对重钢丝绳绳数不得少于 2 根且应相互独立；

② 钢丝绳磨损、变形、锈蚀应在规范允许范围内；

③ 钢丝绳的规格、固定应符合产品说明书及规范要求；

④ 滑轮应安装钢丝绳防脱装置并应符合规范要求；

⑤ 对重重量、固定应符合产品说明书要求；

⑥ 对重除导向轮、滑靴外应设有防脱轨保护装置。

6）安拆、验收与使用

① 安装、拆卸单位应具有起重设备安装工程专业承包资质和安全生产许可证；

② 安装、拆卸应制定专项施工方案，并经过审核、审批；

③ 安装完毕应履行验收程序，验收表格应由责任人签字确认；

④ 安装、拆卸作业人员及司机应持证上岗；

⑤ 施工升降机作业前应按规定进行例行检查，并应填写检查记录；

⑥ 实行多班作业，应按规定填写交接班记录。

（4）施工升降机一般项目的检查评定应符合下列规定：

1）导轨架

① 导轨架垂直度应符合规范要求；

② 标准节的质量应符合产品说明书及规范要求；

③ 对重导轨应符合规范要求；

④ 标准节连接螺栓使用应符合产品说明书及规范要求。

2）基础

① 基础制作、验收应符合说明书及规范要求；

② 基础设置在地下室顶板或楼面结构上，应对其支承结构进行承载力验算；

③ 基础应设有排水设施。

3）电气安全

① 施工升降机与架空线路的安全距离和防护措施应符合规范要求；

② 电缆导向架设置应符合说明书及规范要求；

③ 施工升降机在其他避雷装置保护范围外应设置避雷装置，并应符合规范要求。

4）通信装置

通信装置应安装楼层信号联络装置，并应清晰有效。

**3. 塔式起重机检查评定项目**

（1）塔式起重机检查评定应符合现行国家标准《塔式起重机安全规程》GB 5144 和现行行业标准《建筑施工塔式起重机安装、使用、拆卸安全技术规程》JGJ 196 的规定。

（2）塔式起重机检查评定保证项目应包括：载荷限制装置、行程限位装置、保护装置、吊钩、滑轮、卷筒与钢丝绳、多塔作业、安拆、验收与使用。一般项目应包括：附着、基础与轨道、结构设施、电气安全。

（3）塔式起重机保证项目的检查评定应符合下列规定：

1）载荷限制装置

① 应安装起重量限制器并应灵敏可靠。当起重量大于相应挡位的额定值并小于该额定值的 110%时，应切断上升方向上的电源，但机构可做下降方向的运动；

② 应安装起重力矩限制器并应灵敏可靠。当起重力矩大于相应工况下的额定值并小于该额定值的 110%应切断上升和幅度增大方向的电源，但机构可作下降和减小幅度方向的运动。

2）行程限位装置

① 应安装起升高度限位器，起升高度限位器的安全越程应符合规范要求，并应灵敏可靠；

② 小车变幅的塔式起重机应安装小车行程开关，动臂变幅的塔式起重机应安装臂架幅度限制开关，并应灵敏可靠；

③ 回转部分不设集电器的塔式起重机应安装回转限位器，并应灵敏可靠；

④ 行走式塔式起重机应安装行走限位器，并应灵敏可靠。

3）保护装置

① 小车变幅的塔式起重机应安装断绳保护及断轴保护装置，并应符合规范要求；

② 行走及小车变幅的轨道行程末端应安装缓冲器及止挡装置，并应符合规范要求；

③ 起重臂根部铰点高度大于 50m 的塔式起重机应安装风速仪，并应灵敏可靠；

④ 当塔式起重机顶部高度大于 30m 且高于周围建筑物时，应安装障碍指示灯。

4）吊钩、滑轮、卷筒与钢丝绳

① 吊钩应安装钢丝绳防脱钩装置并应完整可靠，吊钩的磨损、变形应在规定允许范围内；

② 滑轮、卷筒应安装钢丝绳防脱装置并应完整可靠，滑轮、卷筒的磨损应在规定允许范围内；

③ 钢丝绳的磨损、变形、锈蚀应在规定允许范围内，钢丝绳的规格、固定、缠绕应符合说明书及规范要求。

5）多塔作业

① 多塔作业应制定专项施工方案并经过审批；

② 任意两台塔式起重机之间的最小架设距离应符合规范要求。

6）安拆、验收与使用

① 安装、拆卸单位应具有起重设备安装工程专业承包资质和安全生产许可证；

② 安装、拆卸应制定专项施工方案，并经过审核、审批；

③ 安装完毕应履行验收程序，验收表格应由责任人签字确认；

④ 安装、拆卸作业人员及司机、指挥应持证上岗；

⑤ 塔式起重机作业前应按规定进行例行检查，并应填写检查记录；

⑥ 实行多班作业、应按规定填写交接班记录。

(4) 塔式起重机一般项目的检查评定应符合下列规定：

1）附着

① 当塔式起重机高度超过产品说明书规定时，应安装附着装置，附着装置安装应符合产品说明书及规范要求；

② 当附着装置的水平距离不能满足产品说明书要求时，应进行设计计算和审批；

③ 安装内爬式塔式起重机的建筑承载结构应进行受力计算；

④ 附着前和附着后塔身垂直度应符合规范要求。

2）基础与轨道

① 塔式起重机基础应按产品说明书及有关规定进行设计、检测和验收；

② 基础应设置排水措施；

③ 路基箱或枕木铺设应符合产品说明书及规范要求；

④ 轨道铺设应符合产品说明书及规范要求。

3）结构设施

① 主要结构件的变形、锈蚀应在规范允许范围内；

② 平台、走道、梯子、护栏的设置应符合规范要求；

③ 高强螺栓、销轴、紧固件的紧固、连接应符合规范要求，高强螺栓应使用力矩扳手或专用工具紧固。

4）电气安全

① 塔式起重机应采用 TN-S 接零保护系统供电；

② 塔式起重机与架空线路的安全距离和防护措施应符合规范要求；

③ 塔式起重机应安装避雷接地装置，并应符合规范要求；

④ 电缆的使用及固定应符合规范要求。

**4. 起重吊装检查评定项目**

（1）起重吊装检查评定应符合现行国家标准《起重机械安全规程》GB 6067 的规定。

（2）起重吊装检查评定保证项目应包括：施工方案、起重机械、钢丝绳与地锚、索具、作业环境、作业人员。一般项目应包括：起重吊装、高处作业、构件码放、警戒监护。

（3）起重吊装保证项目的检查评定应符合下列规定：

1）施工方案

① 起重吊装作业应编制专项施工方案，并按规定进行审核、审批；

② 超规模的起重吊装作业，应组织专家对专项施工方案进行论证。

2）起重机械

① 起重机械应按规定安装荷载限制器及行程限位装置；

② 荷载限制器、行程限位装置应灵敏可靠；

③ 起重拔杆组装应符合设计要求；

④ 起重拔杆组装后应进行验收，并应由责任人签字确认。

3）钢丝绳与地锚

① 钢丝绳磨损、断丝、变形、锈蚀应在规范允许范围内；

② 钢丝绳规格应符合起重机产品说明书要求；

③ 吊钩、卷筒、滑轮磨损应在规范允许范围内；

④ 吊钩、卷筒、滑轮应安装钢丝绳防脱装置；

⑤ 起重拔杆的缆风绳、地锚设置应符合设计要求。

4）索具

① 当采用编结连接时，编结长度不应小于 15 倍的绳径，且不应小于 300mm；

② 当采用绳夹连接时，绳夹规格应与钢丝绳相匹配，绳夹数量、间距应符合规范要求；

③ 索具安全系数应符合规范要求；

④ 吊索规格应互相匹配，机械性能应符合设计要求。

5）作业环境

① 起重机行走、作业处地面承载能力应符合产品说明书要求；

② 起重机与架空线路安全距离应符合规范要求。

6）作业人员

① 起重机司机应持证上岗，操作证应与操作机型相符；

② 起重机作业应设专职信号指挥和司索人员，一人不得同时兼顾信号指挥和司索作业；

③ 作业前应按规定进行技术交底，并应有交底记录。

（4）起重吊装一般项目的检查评定应符合下列规定

1）起重吊装

① 当多台起重机同时起吊一个构件时，单台起重机所承受的荷载应符合专项施工方案要求；

② 吊索系挂点应符合专项施工方案要求；

③ 起重机作业时，任何人不应停留在起重臂下方，被吊物不应从人的正上方通过；
④ 起重机不应采用吊具载运人员；
⑤ 当吊运易散落物件时，应使用专用吊笼。
2）高处作业
① 应按规定设置高处作业平台；
② 平台强度、护栏高度应符合规范要求；
③ 爬梯的强度、构造应符合规范要求；
④ 应设置可靠的安全带悬挂点，并应高挂低用。
3）构件码放
① 构件码放荷载应在作业面承载能力允许范围内；
② 构件码放高度应在规定允许范围内；
③ 大型构件码放应有保证稳定的措施。
4）警戒监护
① 应按规定设置作业警戒区；
② 警戒区应设专人监护。

**5. 施工机具检查评定项目**

（1）施工机具检查评定应符合现行行业标准《建筑机械使用安全技术规程》JGJ 33 和《施工现场机械设备检查技术规程》JGJ 160 的规定。

（2）施工机具检查评定项目应包括：平刨、圆盘锯、手持电动工具、钢筋机械、电焊机、搅拌机、气瓶、翻斗车、潜水泵、振捣器、桩工机械。

（3）施工机具的检查评定应符合下列规定：
1）平刨
① 平刨安装完毕应按规定履行验收程序，并应经责任人签字确认；
② 平刨应设置护手及防护罩等安全装置；
③ 保护零线应单独设置，并应安装漏电保护装置；
④ 平刨应按规定设置作业棚，并应具有防雨、防晒等功能；
⑤ 不得使用同台电机驱动多种刃具、钻具的多功能木工机具。
2）圆盘锯
① 圆盘锯安装完毕应按规定履行验收程序，并应经责任人签字确认；
② 圆盘锯应设置防护罩、分料器、防护挡板等安全装置；
③ 保护零线应单独设置，并应安装漏电保护装置；
④ 圆盘锯应按规定设置作业棚，并应具有防雨、防晒等功能；
⑤ 不得使用同台电机驱动多种刃具、钻具的多功能木工机具。
3）手持电动工具
① Ⅰ类手持电动工具应单独设置保护零线，并应安装漏电保护装置；
② 使用Ⅰ类手持电动工具应按规定穿戴绝缘手套、绝缘鞋；
③ 手持电动工具的电源线应保持出厂状态，不得接长使用。
4）钢筋机械
① 钢筋机械安装完毕应按规定履行验收程序，并应经责任人签字确认；

② 保护零线应单独设置，并应安装漏电保护装置；

③ 钢筋加工区应搭设作业棚，并应具有防雨、防晒等功能；

④ 对焊机作业应设置防火花飞溅的隔热设施；

⑤ 钢筋冷拉作业应按规定设置防护栏；

⑥ 机械传动部位应设置防护罩。

5）电焊机

① 电焊机安装完毕应按规定履行验收程序，并应经责任人签字确认；

② 保护零线应单独设置，并应安装漏电保护装置；

③ 电焊机应设置二次空载降压保护装置；

④ 电焊机一次线长度不得超过 5m，并应穿管保护；

⑤ 二次线应采用防水橡皮护套铜芯软电缆；

⑥ 电焊机应设置防雨罩，接线柱应设置防护罩。

6）搅拌机

① 搅拌机安装完毕应按规定履行验收程序，并应经责任人签字确认；

② 保护零线应单独设置，并应安装漏电保护装置；

③ 离合器、制动器应灵敏有效，料斗钢丝绳的磨损、锈蚀、变形量应在规定允许范围内；

④ 料斗应设置安全挂钩或止挡装置，传动部位应设置防护罩；

⑤ 搅拌机应按规定设置作业棚，并应具有防雨、防晒等功能。

7）气瓶

① 气瓶使用时必须安装减压器，乙炔瓶应安装回火防止器，并应灵敏可靠；

② 气瓶间安全距离不应小于 5m，与明火安全全距离不应小于 10m；

③ 气瓶应设置防震圈、防护帽，并应按规定存放。

8）翻斗车

① 翻斗车制动、转向装置应灵敏可靠；

② 司机应经专门培训，持证上岗，行车时车斗内不得载人。

9）潜水泵

① 保护零线应单独设置，并应安装漏电保护装置；

② 负荷线应采用专用防水橡皮电缆，不得有接头。

10）振捣器

① 振捣器作业时应使用移动配电箱、电缆线长度不应超过 30m；

② 保护零线应单独设置，并应安装漏电保护装置；

③ 操作人员应按规定穿戴绝缘手套、绝缘鞋。

11）桩工机械

① 桩工机械安装完毕应按规定履行验收程序，并应经责任人签字确认；

② 作业前应编制专项方案，并应对作业人员进行安全技术交底；

③ 桩工机械应按规定安装安全装置，并应灵敏可靠；

④ 机械作业区域地面承载力应符合机械说明书要求；

⑤ 机械与输电线路安全距离应符合现行行业标准《施工现场临时用电安全技术规范》

JGJ 46 的规定。

**6. 检查评分方法**

施工机械设备作为实现现场安全检查的重要组成部分，参与项目的安全检查评比。

（1）建筑施工安全检查评定中，保证项目应全数检查。

（2）施工机械设备安全检查评定应符合检查评定项目的有关规定，并应按表 3-7～3-11的评分表进行评分。

（3）各评分表的评分应符合下列规定：

1）分项检查评分表和检查评分汇总表的满分分值均应为 100 分，评分表的实得分值应为各检查项目所得分值之和；

2）评分应采用扣减分值的方法，扣减分值总和不得超过该检查项目的应得分值；

3）当按分项检查评分表评分时，保证项目中有一项未得分或保证项目小计得分不足 40 分，此分项检查评分表不应得分。

**7. 检查评定等级**

参照《建筑施工安全检查标准》JGJ 59—2011 的等级评定，施工企业可制定自己的评定方法。

根据各种机械设备检查评分表的得分，对机械设备安全检查评定划分为优良、合格、不合格三个等级。检查评分表得分值在 80 分及以上，为优良；检查评分表得分值在 80 分以下，70 分及以上，为合格；检查评分表得分值在 70 分以下，为不合格。

当检查评分表的等级为不合格时，必须限期整改达到合格。

**物料提升机检查评分　　表 3-7**

| 序号 | 检查项目 | | 扣分标准 | 应得分数 | 扣减分数 | 实得分数 |
|---|---|---|---|---|---|---|
| 1 | 保证项目 | 安全装置 | 未安装起重量限制器、防坠安全器，扣 15 分<br>起重量限制器、防坠安全器不灵敏，扣 15 分<br>安全停层装置不符合规范要求或未达到定型化，扣 5～10 分<br>未安装上行程限位，扣 15 分<br>上行程限位不灵敏、安全越程不符合规范要求，扣 10 分<br>物料提升机安装高度超过 30m，未安装渐进式防坠安全器、自动停层、语音及影像信号监控装置，每项扣 5 分 | 15 | | |
| 2 | | 防护设施 | 未设置防护围栏或设置不符合规范要求，扣 5～15 分<br>未设置进料口防护棚或设置不符合规范要求，扣 5～15 分<br>停层平台两侧未设置防护栏杆、挡脚板，每处扣 5 分<br>停层平台脚手板铺设不严、不牢，每处扣 2 分<br>未安装平台门或平台门不起作用，扣 5～15 分<br>平台门未达到定型化，每处扣 2 分<br>吊笼门不符合规范要求，扣 10 分 | 15 | | |
| 3 | | 附墙架与缆风绳 | 附墙架结构、材质、间距不符合产品说明书要求，扣 10 分<br>附墙架未与建筑结构可靠连接，扣 10 分<br>缆风绳设置数量、位置不符合规范要求，扣 5 分<br>缆风绳未使用钢丝绳或未与地锚连接，扣 10 分<br>钢丝绳直径小于 8mm 或角度不符合 45°～60°要求，扣 5～10 分<br>安装高度超过 30m 的物料提升机使用缆风绳，扣 10 分<br>地锚设置不符合规范要求，每处扣 5 分 | 10 | | |
| 4 | | 钢丝绳 | 钢丝绳磨损、变形、锈蚀达到报废标准，扣 10 分<br>钢丝绳绳夹设置不符合规范要求，每处扣 2 分<br>吊笼处于最低位置，卷筒上钢丝绳少于 3 圈，扣 10 分<br>未设置钢丝绳过路保护措施或钢丝绳拖地，扣 5 分 | 10 | | |

续表

| 序号 | 检查项目 | | 扣分标准 | 应得分数 | 扣减分数 | 实得分数 |
|---|---|---|---|---|---|---|
| 5 | 保证项目 | 安拆、验收与使用 | 安装、拆卸单位未取得专业承包资质和安全生产许可证,扣10分<br>未制定专项施工方案或未经审核、审批,扣10分<br>未履行验收程序或验收表未经责任人签字,扣5～10分<br>安装、拆除人员及司机未持证上岗,扣10分<br>物料提升机作业前未按规定进行例行检查或未填写检查记录,扣4分<br>实行多班作业未按规定填写交接班记录,扣3分 | 10 | | |
| | | 小计 | | 60 | | |
| 6 | 一般项目 | 基础与导轨架 | 基础的承载力、平整度不符合规范要求,扣5～10分<br>基础周边未设排水设施,扣5分<br>导轨架垂直度偏差大于导轨架高度0.15%,扣5分<br>井架停层平台通道处的结构未采取加强措施,扣8分 | 10 | | |
| 7 | | 动力与传动 | 卷扬机、曳引机安装不牢固,扣10分<br>卷筒与导轨架底部导向轮的距离小于20倍卷筒宽度未设置排绳器,扣5分<br>钢丝绳在卷筒上排列不整齐,扣5分<br>滑轮与导轨架、吊笼未采用刚性连接,扣10分<br>滑轮与钢丝绳不匹配,扣10分<br>卷筒、滑轮未设置防止钢丝绳脱出装置,扣5分<br>曳引钢丝绳为2根及以上时,未设置曳引力平衡装置,扣5分 | 10 | | |
| 8 | | 通信装置 | 未按规范要求设置通信装置,扣5分<br>通信装置信号显示不清晰,扣3分 | 5 | | |
| 9 | | 卷扬机操作棚 | 未设置卷扬机操作棚,扣10分<br>操作棚搭设不符合规范要求,扣5～10分 | 10 | | |
| 10 | | 避雷装置 | 物料提升机在其他防雷保护范围以外未设置避雷装置,扣5分<br>避雷装置不符合规范要求,扣3分 | 5 | | |
| | | 小计 | | 40 | | |
| 检查项目合计 | | | | 100 | | |

**施工升降机检查评分** **表3-8**

| 序号 | 检查项目 | | 扣分标准 | 应得分数 | 扣减分数 | 实得分数 |
|---|---|---|---|---|---|---|
| 1 | 保证项目 | 安全装置 | 未安装起重量限制器或起重量限制器不灵敏,扣10分<br>未安装渐进式防坠安全器或防坠安全器不灵敏,扣10分<br>防坠安全器超过有效标定期限,扣10分<br>对重钢丝绳未安装防松绳装置或防松绳装置不灵敏,扣5分<br>未安装急停开关或急停开关不符合规范要求,扣5分<br>未安装吊笼和对重缓冲器或缓冲器不符合规范要求,扣5分<br>SC型施工升降机未安装安全钩,扣10分 | 10 | | |
| 2 | | 限位装置 | 未安装极限开关或极限开关不灵敏,扣10分<br>未安装上限位开关或上限位开关不灵敏,扣10分<br>未安装下限位开关或下限位开关不灵敏,扣5分<br>极限开关与上限位开关安全越程不符合规范要求,扣5分<br>极限开关与上、下限位开关共用一个触发元件,扣5分<br>未安装吊笼门机电联锁装置或不灵敏,扣10分<br>未安装吊笼顶窗电气安全开关或不灵敏,扣5分 | 10 | | |

续表

| 序号 | 检查项目 | | 扣分标准 | 应得分数 | 扣减分数 | 实得分数 |
|---|---|---|---|---|---|---|
| 3 | 保证项目 | 防护设施 | 未设置地面防护围栏或设置不符合规范要求,扣5～10分<br>未安装地面防护围栏门联锁保护装置或联锁保护装置不灵敏,扣5～8分<br>未设置出入口防护棚或设置不符合规范要求,扣5～10分<br>停层平台搭设不符合规范要求,扣5～8分<br>未安装层门或层门不起作用,扣5～10分<br>层门不符合规范要求、未达到定型化,每处扣2分 | 10 | | |
| 4 | | 附墙架 | 附墙架采用非配套标准产品未进行设计计算,扣10分<br>附墙架与建筑结构连接方式、角度不符合产品说明书要求,扣5～10分<br>附墙架间距、最高附着点以上导轨架的自由高度超过产品说明书要求,扣10分 | 10 | | |
| 5 | | 钢丝绳、滑轮与对重 | 对重钢丝绳绳数少于2根或未相对独立,扣5分<br>钢丝绳磨损、变形、锈蚀达到报废标准,扣10分<br>钢丝绳的规格、固定不符合产品说明书及规范要求,扣10分<br>滑轮未安装钢丝绳防脱装置或不符合规范要求,扣4分<br>对重重量、固定不符合产品说明书及规范要求,扣10分<br>对重未安装防脱轨保护装置,扣5分 | 10 | | |
| 6 | | 安拆、验收与使用 | 安装、拆卸单位未取得专业承包资质和安全生产许可证,扣10分<br>未编制安装、拆卸专项方案或专项方案未经审核、审批,扣10分<br>未履行验收程序或验收表未经责任人签字,扣5～10分<br>安装、拆除人员及司机未持证上岗,扣10分<br>施工升降机作业前未按规定进行例行检查,未填写检查记录,扣4分<br>实行多班作业未按规定填写交接班记录,扣3分 | 10 | | |
| | | 小计 | | 60 | | |
| 7 | 一般项目 | 导轨架 | 导轨架垂直度不符合规范要求,扣10分<br>标准节质量不符合产品说明书及规范要求,扣10分<br>对重导轨不符合规范要求,扣5分<br>标准节连接螺栓使用不符合产品说明书及规范要求,扣5～8分 | 10 | | |
| 8 | | 基础 | 基础制作、验收不符合产品说明书及规范要求,扣5～10分<br>基础设置在地下室顶板或楼面结构上,未对其支承结构进行承载力验算,扣10分<br>基础未设置排水设施,扣4分 | 10 | | |
| 9 | | 电气安全 | 施工升降机与架空线路小于安全距离未采取防护措施,扣10分<br>防护措施不符合规范要求,扣5分<br>未设置电缆导向架或设置不符合规范要求,扣5分<br>施工升降机在防雷保护范围以外未设置避雷装置,扣10分<br>避雷装置不符合规范要求,扣5分 | 10 | | |
| 10 | | 通信装置 | 未安装楼层信号联络装置,扣10分<br>楼层联络信号不清晰,扣5分 | 10 | | |
| | | 小计 | | 40 | | |
| 检查项目合计 | | | | 100 | | |

**塔式起重机检查评分表** **表3-9**

| 序号 | 检查项目 | | 扣分标准 | 应得分数 | 扣减分数 | 实得分数 |
|---|---|---|---|---|---|---|
| 1 | 保证项目 | 载荷限制装置 | 未安装起重量限制器或不灵敏,扣10分<br>未安装力矩限制器或不灵敏,扣10分 | 10 | | |

续表

| 序号 | 检查项目 | | 扣分标准 | 应得分数 | 扣减分数 | 实得分数 |
|---|---|---|---|---|---|---|
| 2 | 保证项目 | 行程限位装置 | 未安装起升高度限位器或不灵敏，扣10分<br>起升高度限位器的安全越程不符合规范要求，扣6分<br>未安装幅度限位器或不灵敏，扣10分<br>回转不设集电器的塔式起重机未安装回转限位器或不灵敏，扣6分<br>行走式塔式起重机未安装行走限位器或不灵敏，扣10分 | 10 | | |
| 3 | | 保护装置 | 小车变幅的塔式起重机未安装断绳保护及断轴保护装置，扣8分<br>行走及小车变幅的轨道行程末端未安装缓冲器及止挡装置或不符合规范要求，扣4～8分<br>起重臂根部铰点高度大于50m的塔式起重机未安装风速仪或不灵敏，扣4分<br>塔式起重机顶部高度大于30m且高于周围建筑物未安装障碍指示灯，扣4分 | 10 | | |
| 4 | | 吊钩、滑轮、卷筒与钢丝绳 | 吊钩未安装钢丝绳防脱钩装置或不符合规范要求，扣10分<br>吊钩磨损、变形达到报废标准，扣10分<br>滑轮、卷筒未安装钢丝绳防脱装置或不符合规范要求，扣4分<br>滑轮及卷筒磨损达到报废标准，扣10分<br>钢丝绳磨损、变形、锈蚀达到报废标准，扣10分<br>钢丝绳的规格、固定、缠绕不符合产品说明书及规范要求，扣5～10分 | 10 | | |
| 5 | | 多塔作业 | 多塔作业未制定专项施工方案或施工方案未经审批，10分<br>任意两台塔式起重机之间的最小架设距离不符合规范要求，扣10分 | 10 | | |
| 6 | | 安拆、验收与使用 | 安装、拆卸单位未取得专业承包资质和安全生产许可证，扣10分<br>未制定安装、拆卸专项方案，扣10分<br>方案未经审核、审批，扣10分<br>未履行验收程序或验收表未经责任人签字，扣5～10分<br>安装、拆除人员及司机、指挥未持证上岗，扣10分<br>塔式起重机作业前未按规定进行例行检查，未填写检查记录，扣4分<br>实行多班作业未按规定填写交接班记录，扣3分 | 10 | | |
| | | 小计 | | 60 | | |
| 7 | 一般项目 | 附着 | 塔式起重机高度超过规定未安装附着装置，扣10分<br>附着装置水平距离不满足产品说明书要求，未进行设计计算和审批，扣8分<br>安装内爬式塔式起重机的建筑承载结构未进行承载力验算，扣8分<br>附着装置安装不符合产品说明书及规范要求，扣5～10分<br>附着前和附着塔身垂直度不符合规范要求，扣10分 | 10 | | |
| 8 | | 基础与轨道 | 塔式起重机基础未按产品说明书及有关规定设计、检测、验收，扣5～10分<br>基础未设置排水措施，扣4分<br>路基箱或枕木铺设不符合产品说明书及规范要求，扣6分<br>轨道铺设不符合产品说明书及规范要求，扣6分 | 10 | | |
| 9 | | 结构设施 | 主要结构件的变形、锈蚀不符合规范要求，扣10分<br>平台、走道、梯子、护栏的设置不符合规范要求，扣4～8分<br>高强螺栓、销轴、紧固件的紧固、连接不符合规范要求，扣5～10分 | 10 | | |
| 10 | | 电气安全 | 未采用TN-S接零保护系统供电，扣10分<br>塔式起重机与架空线路安全距离不符合规范要求，未采取防护措施，扣10分<br>防护措施不符合要求，扣5分<br>未安装避雷接地装置，扣10分<br>避雷接地装置不符合规范要求，扣5分<br>电缆使用及固定不符合规范要求，扣5分 | 10 | | |
| | | 小计 | | 40 | | |
| 检查项目合计 | | | | 100 | | |

**起重吊装检查评分表** **表 3-10**

| 序号 | 检查项目 | | 扣分标准 | 应得分数 | 扣减分数 | 实得分数 |
|---|---|---|---|---|---|---|
| 1 | 保证项目 | 施工方案 | 未编制专项施工方案或专项施工方案未经审核、审批,扣 10 分<br>超规模的起重吊装专项施工方案未按规定组织专家论证,扣 10 分 | 10 | | |
| 2 | | 起重机械 | 未安装荷载限制装置或不灵敏,扣 10 分<br>未安装行程限位装置或不灵敏,扣 10 分<br>起重拔杆组装不符合设计要求,扣 10 分<br>起重拔杆组装后未履行验收程序或验收表无责任人签字,扣 5～10 分 | 10 | | |
| 3 | | 钢丝绳与地锚 | 钢丝绳磨损、断丝、变形、锈蚀达到报废标准,扣 10 分<br>钢丝绳规格不符合起重机产品说明书要求,扣 10 分<br>吊钩、卷筒、滑轮磨损达到报废标准,扣 10 分<br>吊钩、卷筒、滑轮未安装钢丝绳防脱装置,扣 5～10 分<br>起重拔杆的缆风绳、地锚设置不符合设计要求,扣 8 分 | 10 | | |
| 4 | | 索具 | 索具采用编结连接时,编结部分的长度不符合规范要求,扣 10 分<br>索具采用绳夹连接时,绳夹的规格、数量及绳夹间距不符合规范要求,扣 5～10 分<br>索具安全系数不符合规范要求,扣 10 分<br>吊索规格不匹配或机械性能不符合设计要求,扣 5～10 分 | 10 | | |
| 5 | | 作业环境 | 起重机行走作业处地面承载能力不符合产品说明书要求或未采用有效加固措施,扣 10 分<br>起重机与架空线路安全距离不符合规范要求,扣 10 分 | 10 | | |
| 6 | | 作业人员 | 起重机司机无证操作或操作证与操作机型不符,扣 5～10 分<br>未设置专职信号指挥和司索人员,扣 10 分<br>作业前未按规定进行安全技术交底或交底未形成文字记录,扣 5～10 分 | 10 | | |
| | | 小计 | | 60 | | |
| 7 | 一般项目 | 起重吊装 | 多台起重机同时起吊一个构件时,单台起重机所承受的荷载不符合专项施工方案要求,扣 10 分<br>吊索系挂点不符合专项施工方案要求,扣 5 分<br>起重机作业时起重臂下有人停留或吊运重物从人的正上方通过,扣 10 分<br>起重机吊具载运人员,扣 10 分<br>吊运易散落物件不使用吊笼,扣 6 分 | 10 | | |
| 8 | | 高处作业 | 未按规定设置高处作业平台,扣 10 分<br>高处作业平台设置不符合规范要求,扣 5～10 分<br>未按规定设置爬梯或爬梯的强度、构造不符合规范要求,扣 5～8 分<br>未按规定设置安全带悬挂点,扣 8 分 | 10 | | |
| 9 | | 构件码放 | 构件码放荷载超过作业面承载能力,扣 10 分<br>构件码放高度超过规定要求,扣 4 分<br>大型构件码放无稳定措施,扣 8 分 | 10 | | |
| 10 | | 警戒监护 | 未按规定设置作业警戒区,扣 10 分<br>警戒区未设专人监护,扣 5 分;未安装避雷接地装置,扣 10 分<br>避雷接地装置不符合规范要求,扣 5 分<br>电缆使用及固定不符合规范要求,扣 5 分 | 10 | | |
| | | 小计 | | 40 | | |
| 检查项目合计 | | | | 100 | | |

**施工机具检查评分表** **表 3-11**

| 序号 | 检查项目 | 扣分标准 | 应得分数 | 扣减分数 | 实得分数 |
|---|---|---|---|---|---|
| 1 | 平刨 | 平刨安装后未履行验收程序,扣5分<br>未设置护手安全装置,扣5分;<br>传动部位未设置防护罩,扣5分;<br>未作保护接零或未设置漏电保护器,扣10分;<br>未设置安全作业棚,扣6分;<br>使用多功能木工机具,扣10分 | 10 | | |
| 2 | 圆盘锯 | 圆盘锯安装后未履行验收程序,扣5分<br>未设置锯盘护罩、分料器、防护挡板安全装置和传动部位未设置防护罩,每处扣3分<br>未作保护接零或未设置漏电保护器,扣10未设置安全作业棚,扣6分<br>使用多功能木工机具,扣10分 | 10 | | |
| 3 | 手持电工工具 | Ⅰ类手持电动工具未采取保护接零或未设置漏电保护装置,扣8分;<br>使用Ⅰ类手持电动工具不按规定穿戴绝缘用品,扣6分<br>手持电动工具随意接长电源线,扣4分 | 8 | | |
| 4 | 钢筋机械 | 安装后未履行验收程序,扣5分<br>未作保护接零或未设置漏电保护器,扣10分<br>钢筋加工区未设置作业棚,扣5分<br>传动部位未设置防护罩,扣5分 | 10 | | |
| 5 | 气瓶 | 气瓶未安装减压器,扣8分<br>乙炔瓶未安装回火防止器,扣8分<br>气瓶间距小于5m或与明火距离小于10m未采取隔离措施,扣8分<br>气瓶存放不符合要求,扣4分 | 8 | | |
| 6 | 搅拌机 | 搅拌机安装后未履行验收程序,扣5分<br>未作保护接零或未设置漏电保护器,扣10分<br>离合器、制动器、钢丝绳达不到规定要求,每项扣5分<br>上料未设置安全挂钩或止挡装置,扣5分<br>传动部位未设置防护罩,扣4分<br>未设置安全作业棚,扣6分 | 10 | | |
| 7 | 电焊机 | 电焊机安装后未履行验收程序,扣5分<br>未作保护接零或未设置漏电保护器,扣10分<br>未设置二次空载降压保护器,扣10分<br>一次线长度超过规定或未进行穿管保护,扣3分<br>二次线未采用防水橡皮护套铜芯软电缆,扣10分<br>二次线长度超过规定或绝缘层老化,扣5分<br>电焊机未设置防雨罩或接线柱未设置防护罩,扣5分 | 10 | | |
| 8 | 潜水泵 | 未作保护接零或未设置漏电保护器,扣6分<br>负荷线未使用专用防水橡皮电缆,扣6分<br>负荷线有接头,扣3分 | 6 | | |
| 9 | 翻斗车 | 翻斗车无制动、转向装置不灵敏,扣5分;<br>驾驶员无证操作,扣8分<br>行车载人或违章行车,扣8分; | 8 | | |
| 10 | 振捣器 | 未作保护接零或未设置漏电保护器,扣6分<br>未使用移动式配电箱,扣4分<br>电缆线长度超过30,扣4分<br>操作人员未穿戴绝缘防护用品,扣8分 | 8 | | |
| 11 | 桩工机械 | 机械安装后未履行验收程序,扣10分<br>作业前未编制专项施工方案或未按规定进行安全技术交底,扣10分<br>安全装置不齐全或不灵敏,扣10分<br>机械作业区域地面承载力不符合规定要求或未采取有效硬化措施,扣12分<br>机械与输电线路安全距离不符合规范要求,扣12分 | 12 | | |
| 检查项目合计 | | | 100 | | |

## 3.2 施工机械设备的维护保养

### 3.2.1 施工机械初期使用时的维修保养

新机械经技术试验合格后投入生产，初期使用管理时限一般为半年左右（内燃机要经过初期磨合的特殊过程）。

**1. 初期管理的内容**

（1）培养和提高操作人员对新机械的使用、维护能力。

（2）对新机械在使用初期的运转情况进行观察，并作适当调整，降低机械载荷，平稳操作，加强维护保养，适当缩短润滑油的更换期。

（3）做好机械使用初期的原始记录，包括运转台时、作业条件、零部件磨损及故障记录等。

（4）机械初期使用结束时，机械管理部门应根据各项记录填写机械初期使用鉴定书。

（5）由于内燃机结构复杂、转速高、受力大等特点，新购或经过大修、重新安装的内燃机，在投入施工生产的初期，必须经过运行磨合，使各配合机件的摩擦表面逐渐达到良好的磨合，从而避免部分配合零件因过度摩擦而发热膨胀形成粘附性磨损，以致造成拉伤、烧毁等损坏性事故。因此，认真执行机械磨合期的有关规定，是机械初期管理的重要环节。《建筑机械使用安全技术规程》JGJ 33—2012 规定：

1）施工机械操作人员应在生产厂家的培训指导下，了解机器的结构、性能，根据产品使用说明书的要求进行操作、保养。新机和大修后机械在初期使用时，应遵守磨合期规定。

2）机械设备的磨合期，除原制造厂有规定外，内燃机械宜为 100h，电动机械宜为 50h，汽车宜为 1000km。

3）磨合期间，应采用符合其内燃机性能的燃料和润滑油料。

4）启动内燃机时，不得猛加油门，应在 500～600r/min 下稳定运转数分钟，使内燃机内部运动机件得到良好的润滑，随着温度上升而逐渐增加转速。在严寒季节，应先对内燃机进行预热后再启动。

5）磨合期内，操作应平稳，不得骤然增加转速，并宜按下列规定减载使用：

① 起重机从额定起重量 50％开始，逐步增加载荷，且不得超过额定起重量的 80％；

② 挖掘机在工作 30h 内，应先挖掘松的土壤，每次装料应为斗容量的 1/2，在以后 70h 内装料可逐步增加，且不得超过斗容量的 3/4；

③ 推土机、铲运机和装载机，应控制刀片铲土和铲斗装料深度，减少推土、铲土量和铲斗装载量，从 50％开始逐渐增加，不得超过额定载荷的 80％；

④ 汽车载重量应按规定标准减载 20％～25％，并应避免在不良的道路上行驶和拖带挂车，最高车速不宜超过 40km/h；

⑤ 其他内燃机械和电动机械在磨合期内，在无具体规定时，应减速 30％和减载荷 20％～30％；

⑥ 在磨合期内，应观察各仪表指示，检查润滑油、液压油、冷却液、制动液以及燃

油品质和油（水）位，并注意检查整机的密封性，保持机器清洁，应及时调整、紧固松动的零部件；应观察各机构的运转情况，并应检查各轴承、齿轮箱、传动机构、液压装置以及各连接部分的温度，发现运转不正常、过热、异响等现象时，应及时查明原因并排除；

⑦ 在磨合期，应在机械明显处悬挂“磨合期”的标志，在磨合期满后再取下；

⑧ 磨合期间，应按规定更换内燃机曲轴箱机油和机油滤清器芯；同时应检查各齿轮箱润滑油清洁情况，并按规定及时更换润滑油，清洗润滑系统；

⑨ 磨合期满，应由机械管理人员和驾驶员、修理工配合进行一次检查、调整以及紧固工作。内燃机的限速装置应在磨合期满后拆除；

⑩ 磨合期应分工明确，责任到人。在磨合期前，应把磨合期各项要求和注意事项向操作人员交底；磨合期中，应随时检查机械使用运转情况，详细填写机械磨合期记录；磨合期满后，应由机械技术负责人审查签章，将磨合期记录归入技术档案。

**2. 机械使用初期的信息反馈**

对机械使用初期所收集的信息进行分析后作如下处理：

1）属于机械设计、制造和产品质量上的问题，应向设计、制造单位进行信息反馈。

2）属于安装、调试上的问题，向安装、试验单位进行信息反馈。

3）属于需采取维修对策的，向机械维修部门反馈。

4）属于机械规划、采购方面的问题，向规划、采购部门反馈。

## 3.2.2 机械设备的维护保养要求

**1. 施工机械的日常维护与定期维护**

施工机械的维护工作分为日常维护和定期维护两类。

（1）施工机械的日常维护

施工机械的日常维护包括每班维护和周末维护两种，由操作人员负责进行。每班维护要求操作人员在每班作业中必须做到：班前对施工机械各部位进行检查，按规定加油润滑；规定的检查项目必须检查，确认正常后才能使用机械。机械运行中严格执行操作规程，正确使用机械，并注意观察其运行情况，发现异常及时处理。操作人员不能排除的故障应通知维修人员检修。下班前用15分钟左右时间认真清扫、擦拭机械，并将机械状况记录在交接班记录表上，办理交接班手续。

周末维护主要是在周末、节假日前，对机械进行较为彻底的清扫、擦拭和保养。日常维护是机械维护的基础工作，应做到制度化和规范化。

（2）施工机械的定期维护

定期维护是在专业维修人员的辅导配合下，由操作人员进行的定期维护工作，是设备管理部门以计划形式下达执行的。两班制的施工机械约三个月进行一次，维护作业时间视机械的结构情况而定。精密、重型、稀有施工机械的定期维护时间间隔、维护要求视施工机械情况而定。

定期维护的主要内容有：

1）清洗、擦拭：拆卸指定的箱盖、保护罩，彻底清洗、擦拭机械内外；

2）调整：检查、调整各部配合间隙，紧固松动部件，更换各别易损件；

3）疏通：疏通油路，增添油量，清洗滤油装置，更换冷却液，清洗冷却液箱等；

4）清洗导轨及滑动面，清除毛刺及划伤等；

5）清扫、检查、调整电气线路及电气设备。

通过定期维护，应达到：内外光洁、油路通畅、操作灵活、运行正常。各类施工机械维护的具体内容和要求，应根据施工机械的特点，参照有关规定、机械说明书要求制定。

**2. 保养的内容和要求**

进入现场的机械，要进行作业前的检查和保养，以确保机械的安全运行。保养的作业内容主要是清洁、紧固、调整、润滑、防腐，通常称为"十字作业"。清洁就是要求机械各部位保持无油泥、污垢、尘土；紧固就是要对机体各部的连接件及时检查紧固；调整就是对机械众多零件的相对关系和工作参数，如间隙、行程、角度、压力、流量、松紧、速度等，及时进行检查调整，以保证机械的正常运行；润滑就是按照规定要求，定期加注或更换润滑油，以保持机械运动零件间的良好润滑，减少零件磨损，保证机械正常运转；防腐就是要做到防潮、防锈、防酸，防止腐蚀机械零部件和电气设备。

《建筑施工机械设备维护保养技术规程》DGJ32/J 166—2014 规定：

（1）建筑施工机械设备的维护保养分为例行保养、初级保养和高级保养三个级别。

（2）进入建筑施工现场使用的机械设备必须按规定或按期进行维护保养。

（3）设备产权单位应建立设备保养档案，并做好各级保养记录的收集存档。

（4）设备保养宜由产权单位进行。产权单位也可委托有保养能力的单位进行维保工作，并以合同形式约定各自的责任和义务。

（5）设备维护保养单位应制定与设备维护保养相关的质量保证、安全管理和岗位责任制度。

（6）设备使用单位应确保保养单位有充裕时间进行现场维护保养作业，初级保养时间宜不少于 2 小时，设备在保养完成前不得使用。

（7）设备维护保养单位应配备起重设备、焊接设备、机加工设备、表面处理设备及测量器具等保养必备设备。

（8）初级保养时应参考例行保养记录，高级保养时应参考初级保养和例行保养记录。

（9）保养作业时，更换的重要元器件及各限位装置的规格型号应与原件相一致。

（10）保养作业时，更换的零部件必须有合格证书或质量保证书。

（11）建筑施工机械设备的维护保养在遵守本规定的同时，还应符合使用说明书要求。

（12）各级保养应明确保养负责人。

（13）参与维护保养的专业维保人员应经培训考核合格后方可进行作业。

（14）电气系统的维护保养应由专业电工完成。

机械保养包括每班保养（例行保养）和规定周期的初级保养和高级保养。大型机械例行保养和中小型机械的各级保养，主要由操作人员承担。对于操作人员不能胜任的保养作业，由维修人员协助。

例行保养，即在机械运行的前、后和运行过程中的保养作业，由操作人员完成。中心内容是检查，如检查机械和部件的完整情况，油、水数量；仪表指示值，操纵和安全装置（转向、制动等）的工作情况，关键部位的紧固情况，以及有无漏油、水、气、电等不正常情况。必要时加添燃料、润滑油料和冷却水，以确保机械正常运行和安全生产。

初级保养是以操作工人为主，维修工人协助，按计划对设备局部拆卸和检查，清洗规定的部位，疏通油路、管道，更换或清洗油线、毛毡、滤油器，调整设备各部位的配合间隙，紧固设备的各个部位。初级保养所用时间为4～8h，完成后应做记录并注明尚未清除的缺陷，机械员组织验收。初级保养的范围应是企业全部在用设备，对重点设备应严格执行。初级保养的主要目的是减少设备磨损，消除隐患、延长设备使用寿命，为完成到下次保养期间的生产任务在设备方面提供保障。

高级保养是以维修工人为主，操作工人参加来完成。高级保养列入设备的检修计划，对设备进行部分解体检查和修理，更换或修复磨损件，清洗、换油、检查修理电气部分，使设备的技术状况全面达到规定设备完好标准的要求。高级保养所用时间为7天左右。

高级保养完成后，维修工人应详细填写检修记录，由机械员和操作者验收，验收单交设备管理部门存档。高级保养的主要目的是使设备达到完好标准，提高和巩固设备完好率，延长大修周期。

**3. 维护保养责任制的落实**

（1）国内外维护保养制度与方法简介

我国实行的施工机械修理制度，是按照“预防为主，计划修理”的原则制定的“计划预期检修制度”，即定期保养，按时检查，计划修理，养修并重，预防为主的修理制度。实践证明，这种制度是行之有效的，其核心内容就是保养、检查、修理相结合。

“PM”制，即预防维修保养制度。最先在欧美实行，与苏联及我国普遍采用的“定期保养、预期检查”制的主要区别是：“PM”制更详细规定了不同运转时间间隔对机械设备不断进行保养、检查的项目，发现问题应立即按规定要求进行处理（修复或更换有关部件）；而不明确规定大、中修的时间间隔，以减少对总成及部件过早地进行拆卸、分解造成的不必要损坏和更换。

生产维修保养制：由美国GE电器公司首先提出。其特点是对施工机械按其重要程度进行分类，突出重点设备进行预防性保养，而对一般设备进行事后维修。也称“经济的维修制度”。

“TPM”保养维修制：从70年代开始，在系统工程和行为科学学说的影响下，日本在“PM”制、“生产维修保养制”等长处的基础上，产生了比较完整的“全员参加的生产维修保养制度”即“TPM”。其指导思想是“三全”：全效率、全过程、全员；重点是日常保养和点检制度。其中“专题点检”也称为“设备状态监测（诊断）技术”已在世界各国先后运用，它一方面可以控制因过剩保养维修而造成的费用上升，也可减少因不及时保养维修造成的巨大事故损失，同时可减少材料消耗和维修工作量。

日本一些企业采用TPM制后，设备停机时间平均下降50%，事故率下降75%，维修费下降25%～50%。加拿大某造纸厂采用TPM制仅在一年半中，即降低损失81%，净收益500万美元。

（2）维护保养责任制的落实

目前，建筑业企业处于多种所有制并存阶段，各企业可根据自己的特点，结合每种（台）机械的具体要求，在执行相关法规的基础上，综合各种维护保养制度，制定本企业的机械维护保养制度。

企业要建立、健全机械设备保养规程和管理制度，严格执行机械设备的日常保养和定期保养制度。季节变化时要执行换季保养。新机械和经过大修理的机械，在使用初期要执行走合期保养。大型机械设备要实行日常点检和定期点检，并做好技术记录，总结磨损规律。

企业应建立、健全机械设备的定期检查、按需修理的检修制度（简称定检修制）。各类机械设备的检查周期、检查内容，由企业主管部门自行制定。企业要有专人负责组织机械设备的定期检测工作。按照机械设备的实际技术状况，结合施工生产，编制机械设备的修理计划，并纳入企业的年（季）度生产计划，严格执行。

保养登记表：企业可根据设备维护保养要求，制定保养登记表。操作人员定期对机械进行保养，并记录；

监督检查：项目机械员应做好监督、检查、指导工作。

## 3.3 重点机械设备的维护保养要求

重点机械重点管理是现代科学管理方法之一。企业拥有大量机械设备，它们在生产中所起的作用及其重要性各不相同，管理时应区别对待。对那些在施工生产中占重要地位和起重要作用的机械，应列为企业的重点机械，对其实行重点管理，以确保企业施工生产顺利进行。

### 3.3.1 塔式起重机

塔式起重机各级别的保养应按照以下规定进行：

1. 例行保养作业应在每班班前、班中、班后进行，作业主要内容为检查、调整、紧固、润滑、清洁、防腐等，作业人员应是当班司机，当班司机发现设备存在不符合标准要求时，应停止作业并及时联系专业维修人员维修。

2. 初级保养应在施工现场进行，保养周期为闲置、连续工作一个月或累计工作 300h，作业主要内容为检查、调整、紧固、润滑、清洁、防腐，作业人员以专业维保人员为主，司机协助。

3. 高级保养宜在保养场内进行，保养周期为一个建筑工程周期，作业主要内容为拆检、调整、润滑、清洁、防腐、更换，作业人员应不少于 3 名专业维保人员。承担高级保养的单位应有设备堆放场地、维保车间及必要的维保工具。

4. 多班作业时，应执行交接班制度。当班司机应将设备保养和运转情况向接班司机交底，并办理交接手续。

5. 新安装后的塔式起重机在连续工作的前两周内，每周必须至少按规定扭矩逐个对地脚螺栓、标准节螺栓及回转齿圈螺栓进行紧固一次。

6. 塔式起重机停用一个月以上或封存，应认真做好停用或封存前的保养工作，并应采取预防风沙、雨淋、水泡、锈蚀等措施。

### 3.3.2 施工升降机

施工升降机各级别的保养应按照以下规定进行：

1. 例行保养作业应在每班班前、班中、班后进行，作业主要内容为检查、调整、紧固、润滑、清洁、防腐等，作业人员应是当班司机，当班司机发现设备存在不符合标准要求时，应停止作业并及时联系专业维修人员维修。

2. 初级保养应在施工现场进行，保养周期为闲置、连续工作一个月或累计工作 300h，作业主要内容为检查、调整、紧固、润滑、清洁、防腐，作业人员以专业维保人员为主，司机协助。

3. 高级保养宜在保养场内进行，保养周期为一个建筑工程周期，作业主要内容为拆检、调整、润滑、清洁、防腐、更换，作业人员应不少于 3 名专业维保人员。承担高级保养的单位应置有设备堆放场地、维保车间及必要的维保工具。

4. 多班作业时，应执行交接班制度。当班司机应将设备保养和运转情况向接班司机交底，并办理交接手续。

5. 施工升降机停用一个月以上或封存，应认真做好停用或封存前的保养工作，并应采取预防风沙、雨淋、水泡、锈蚀等措施。

### 3.3.3 物料提升机

物料提升机各级别的保养应按照以下规定进行：

1. 例行保养作业应在每班班前、班中、班后进行，作业主要内容为检查、调整、紧固、润滑、清洁、防腐等，作业人员应是当班司机，当班司机发现设备存在不符合标准要求时，应停止作业并及时联系专业维修人员维修。

2. 初级保养应在施工现场进行，保养周期为闲置、连续工作一个月或累计工作 300h，作业主要内容为检查、调整、紧固、润滑、清洁、防腐，作业人员以专业维保人员为主，司机协助。

3. 高级保养宜在保养场内进行，保养周期为一个建筑工程周期，作业主要内容为拆检、调整、润滑、清洁、防腐、更换，作业人员应不少于 3 名专业维保人员。承担高级保养的单位应置有设备堆放场地、维保车间及必要的维保工具。

4. 多班作业时，应执行交接班制度。当班司机应将设备保养和运转情况向接班司机交底，并办理交接手续。

5. 物料提升机停用一个月以上或封存，应认真做好停用或封存前的保养工作，并应采取预防风沙、雨淋、水泡、锈蚀等措施。

### 3.3.4 高处作业吊篮

高处作业吊篮各级别的保养应按照以下规定进行：

1. 例行保养应在每天作业前后进行，作业内容以检查、清洁为主，作业人员是吊篮专业维保人员和操作人员。

2. 初级保养应在施工现场进行，保养周期为连续施工作业的每 1～2 月，或间歇施工作业的累计运行 300h，停用一个月以上的使用前，或每次吊篮拆卸后。作业主要内容为检查、调整、紧固、润滑、清洁、防腐。初级保养由吊篮专业维修人员负责进行。

3. 高级保养应在保养场内进行。保养周期为使用期满一年或累计工作 300 台班的吊篮。作业主要内容为拆检、调整、润滑、清洁、防腐、更换，作业人员应不少于 3 名专业维保人员。承担高级保养的单位应置有设备堆放场地和设备维保车间。

4. 多班作业时，应执行交接班制度。当班作业人员应将设备保养和运转情况向接班作业人员交底，并应办理交接手续。接班作业人员接班后应进行当班例行保养。

### 3.3.5 附着升降脚手架

附着升降脚手架各级别的保养应按照以下规定进行：

1. 例行保养作业应在施工现场进行，保养周期为附着升降脚手架每次升、降前后，作业内容为检查、调整、紧固、清洁、润滑、防腐，作业人员应是附着升降脚手架施工人员。

2. 初级保养作业应在施工现场进行，保养周期为连续工作一个月，作业主要内容为检查、调整、紧固、润滑、清洁、防腐，作业人员以专业维保人员为主，附着升降脚手架施工人员和使用单位人员协助。初级保养应利用附着升降脚手架两次升降之间的间隔时间进行。

3. 高级保养应在保养场内进行，保养周期为一个建筑工程周期，作业主要内容为拆检、调整、润滑、清洁、防腐、更换。作业人员应不少于3名专业维保人员。承担高级保养的单位应有设备堆放场地和设备维保车间。

4. 附着升降脚手架停用一个月以上或封存，应认真做好停用或封存前的保养工作，并应采取预防风沙、雨淋、水泡、锈蚀等措施。

# 第4章　施工机械设备常见故障、事故原因和排除方法

## 4.1　施工机械故障、事故原因

### 4.1.1　施工机械常见故障及其原因

施工机械故障是指施工机械或系统在使用过程中，因某种原因丧失了规定功能或降低了效能时的状态。施工机械常年在工地使用，任务繁重、连续作业时间长、使用环境较为恶劣，加速了机械的磨损、老化；制造水平较低，维护保养不到位，机械自身的老化、腐蚀和磨损，操作人员、管理人员能力参差不齐等因素的间接影响，施工机械发生故障的概率大大增加。

随着施工现场机械化作业程度的普及与提高，施工机械对工程质量、进度的影响程度日益增加。施工机械发生故障，直接影响正常的施工进度、造成不必要的经费损失，同时，会加速机械磨损、老化，减少机械的使用寿命，造成长时间的停机和修理工作量、费用的膨胀，甚至产生安全隐患，造成人身伤亡及机械事故。因此，加强故障管理愈发成为急待解决的问题。

为了减少甚至消灭故障，必须了解、研究故障发生的规律，分析故障形成的原因，采取有效的措施和方法，控制故障的发生，这就是施工机械的故障管理。故障管理，特别是对生产效率较高的大型连续自动化施工机械的故障管理，在项目管理工作中，占有非常重要的地位。

**1. 施工机械的磨损规律**

磨损是指摩擦体接触表面的材料在相对运动中由于机械作用，间或伴有化学作用而产生的不断损耗的现象。按照表面破坏机理特征，磨损可以分为磨料磨损、粘着磨损、表面疲劳磨损、腐蚀磨损和微动磨损等；根据产生的原因，磨损可分为使用磨损和自然磨损两种。

施工机械在工作中，其零部件受摩擦、振动、疲劳而磨损或损坏，这种有形磨损即称为使用磨损。使用磨损结果的一般表现为：施工机械零部件尺寸、几何形状改变，设备零部件之间公差配合性质改变，导致工作精度和性能下降，甚至零件损坏，引起相关其他零部件损坏而导致事故。影响使用磨损发展程度的主要因素有：施工机械的质量、负荷程度、操作工人的技术水平、工作环境、维护修理质量与周期等。

施工机械寿命期内，由于自然力量的作用或因保管不善而造成的锈蚀、老化、腐朽，甚至引起工作精度和工作能力的丧失，即称为自然磨损。这种磨损无论在施工机械使用还是闲置过程都会发生。但因施工机械闲置中容易失去正常的维护，因此施工机械闲置中的自然磨损比使用中更明显。

施工机械有形磨损可分为三个阶段（图 4-1）：

第一阶段是初期磨损阶段（也称磨合磨损阶段），是指新机械或大修理后设备在早期故障期的磨损状态，磨损速度快，主要原因是零件加工粗糙表面在负载运转中的快速磨损；低可靠度零件在负载下的迅速失效；安装不良，操作人员对新使用设备不熟悉等。随着粗糙表面被磨平，失效零件被更换，安装经过磨合调整，操作者逐渐熟悉设备，设备的磨损速度逐渐减小。

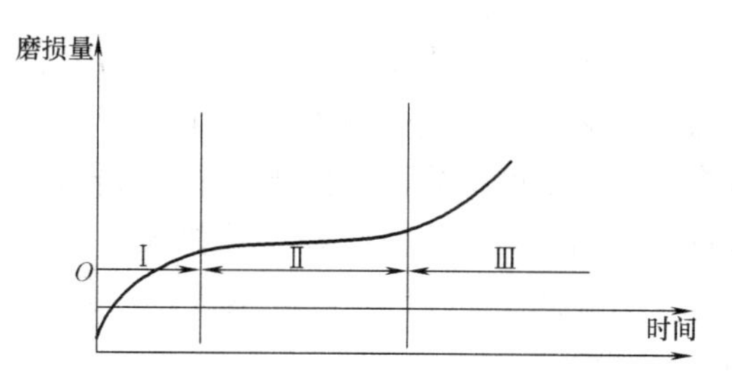

图 4-1　施工机械磨损曲线

第二阶段是正常磨损阶段，磨损速度缓慢，施工机械处于最佳技术状态。应注意维护保养，采用正确的操作技术和使用规程，加强检查，预防偶发故障，尽量延长该阶段的使用时间。

第三阶段是剧烈磨损阶段，当主要零部件的磨损程度已经达到正常使用极限时，继续使用，磨损就会急剧上升，造成设备精度、技术性能、生产效率明显下降，故障率急剧上升。施工机械使用中应及时发现正常使用极限，及时进行预防修理，更换磨损零件，防止故障发生。

**2. 机械故障类型**

施工机械故障，就是施工机械因为某种原因丧失规定功能的现象。可按故障的性质、原因、影响、特点等因素进行划分。

（1）按故障的性质划分

1）间断性故障　在短期内丧失其某些功能，稍加调整或修理就能恢复，不需要更换零件。

2）永久性故障　某些零部件已损坏，需要更换或修理后才能恢复使用。

（2）按故障产生的原因划分

1）外因造成的故障　外因造成的故障是指由于外界因素而引起的故障。如：环境因素、超负荷使用等。

2）内因造成的故障　由于施工机械内部原因造成的故障。如：机械磨损、零部件老化等。

（3）按故障发生、发展的进程划分。

1）突发性故障　在发生之前无明显的可察征兆，而是突然发生的，且具有较大的破坏性。为了避免突发性故障，需要对设备的重要部位进行连续监测。

2）渐发性故障　由于设备中某些零件的技术指标逐渐恶化，最终超出允许范围（或极限）而引发的故障。这类故障的发生与产品材料的磨损、腐蚀、疲劳等密切相关，其特点是：

① 故障发生的时间一般在零部件有效寿命的后期。

② 有规律性，可预防。

③ 故障发生的概率与设备运转的时间有关。设备使用的时间越长，发生故障的概率

越大，损坏的程度也越大。

**3. 设备故障规律**

施工机械故障规律是指施工机械从使用直到报废为止的寿命周期内故障的发生、发展变化规律，其故障变化分为早期故障期、偶发故障期和损耗故障期，如图 4-2 所示。早期故障期对应初期磨损阶段，指新机械运转初期或大修后投入使用初期，故障率较高，并随时间的推移而减少。偶发故障期是机械的正常运转期，机械已进入正常工作，故障率较低。损耗故障期指机械经长时间运转后，由于过度磨损、疲劳而日益老化，使故障率急剧上升。

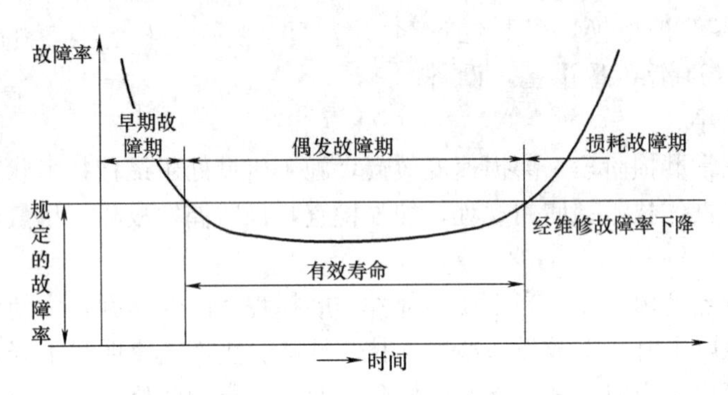


图 4-2 浴盆曲线

针对不同故障期，应采取相应措施。

（1）早期故障期

早期故障期出现在机械使用的早期，其特点是故障率较高，且故障率随时间的增加而迅速下降。早期故障一般是由于设计、制造上的缺陷等原因引起的。施工机械进行大修理或改造后，再次使用时，也会出现这种情况。施工机械经过使用初期的运转磨合和自动调整，原有的缺陷逐步消除，故障逐渐减少。

（2）偶发故障期

偶发故障期是机械的有效寿命期，在这个阶段故障率低、机械性能稳定。偶发故障是由于使用不当、维护不良等偶然因素引起的，故障不能预测。设计缺陷、制造缺陷、操作不当、维护不良等都会造成偶发故障。

（3）损耗故障期

损耗故障期发生在机械使用的后期，其特点是故障率随运转时间的增加而急剧增高。损耗故障是由于机械零部件的磨损、疲劳、老化、腐蚀等造成的。这类故障是施工机械接近寿命末期的预兆。如果在有效寿命期进行定期保养、预防性维修，可有效延缓损耗故障期的到来，极大地降低故障率。

通过对施工机械故障规律的分析，可以了解故障的成因，制定相应的预防措施，减少机械故障的发生。

**4. 施工机械常见故障**

随着科技的发展，施工机械的新技术应用水平、自动化水平得到极大提高。现代工程机械是机、电、液（气）、计算机控制的高度综合体，且施工机械种类繁多，存在的故障也大相径庭。常见故障有：

1）异常振动；

2）磨损；

3）疲劳；

4）裂纹；

5）破裂；

6）过度变形；

7）腐蚀；

8）剥离；

9）渗漏；

10）堵塞；

11）松弛；

12）熔融；

13）蒸发；

14）绝缘劣化；

15）异常响声；

16）油质劣化；

17）材质劣化；

18）其他。

不同种类、不同使用条件的施工机械，它们的各种故障产生的概率不同，有着明显的差别。每个企业由于施工机械管理水平和使用条件的不同，施工机械的主要故障、发生频率也不相同，因此，企业应进行主动识别，确认本企业的故障管理重点目标。

**5. 施工机械故障原因**

故障的发生受时间、环境条件、设备内部和外部多种因素的影响，有时是一种原因引起，有时是多种因素综合作用的结果。

施工机械故障诱发的外部因素，是由于工作条件、环境条件等方面的积累超过了它们所能承受的界限。外部因素是广义的，如工作载荷、电压、电流、温度、湿度、灰尘、放射性、操作失误、维修中安装调整的失误、载荷周期长短、时间劣化等，都是诱导故障产生的外因。

施工机械故障诱发的内部因素，是由于部件的破坏、损伤、老化等达到极限后的集中反映。内部因素较多，如设计缺陷、加工制造缺陷、维护保养不到位、油品油料不达标、维修不彻底、配件缺陷等。

施工机械故障会影响机械的正常运转，影响生产的正常进行。故障如果不及时处理，小故障会演变成大故障，甚至会演变成事故，造成人员伤亡和设备损坏。

### 4.1.2 施工机械事故及其特点

施工机械事故是指由于人的不安全行为或者机械设备处于不安全状态所引起的、突然发生的、与人的意志相反且事先未能预料到的意外事件。施工机械事故能造成人员的伤亡，企业财产的损失，使生产经营活动不能顺利进行，甚至造成巨大的不良的社会影响。

施工机械事故与所有的生产安全事故一样具有因果性、随机性、潜伏性和可预防性的特点。我们说，事故的发生具有偶然性，即事故什么时间发生，在什么地方发生，事故发生将造成什么样的损失或多大的损失，都是事先不可预料的，但是，我们也知道偶然性的背后必然具有某种必然性，因为任何事故都是有相互联系的多种因素共同作用的结果，有因必有果，有果必有因。施工机械，尤其是大型建筑起重机械的安装拆卸使用，专业技术、安全可靠性要求高，危险性较大，在施工现场属于重大危险源，对施工机械管理的缺失，往往就是对机械安全的潜在的威胁，我们只要能及时发现施工机械安装拆卸使用过程中的危险因素，事先加以防范与控制，就能有效地预防施工施工机械安全事故的发生。从这一角度说，施工机械安全事故是可以事先防范的，是可控的。

## 4.2 施工机械故障的排除方法

在施工现场，施工机械长期、满负荷使用，发生故障在所难免。为保证施工的正常进行，施工机械发生故障后，应及时抢修，快速恢复施工机械的生产能力。

许多施工现场远离城市，受条件限制，施工机械发生故障后，无法及时得到专业维修厂家的技术支持，甚至无法及时购买到配件。因此，大型施工现场，建议配备机械维修人员，配备维修工具，备好易损的零部件，一旦发生故障，能够及时排除。常用的施工机械故障排除方法有零件修理法、替代修理法、零件弃置法等。

### 4.2.1 施工机械故障零件修理法

故障零件修理法是采用各种修复工艺，对磨损、局部损坏的零件进行恢复性修理，修理后的零件可以继续使用。零件修理法对修理的技术水平要求高、修理工艺复杂、甚至需要专用修理设备，部分修理法的费用较高，实际采用时，应慎重选择。

故障零件修复工艺和修理方法比较多，可根据零件的结构特点、损坏程度、工作条件、材料性质等进行选择。故障零件常见的损坏形式有磨损、变形、断裂等。磨损可以用堆焊、熔接、热喷涂、电镀、机械加工等方法修复；变形可用机械加工法修复；断裂可用焊接、粘接、机械加工等方法修复。下面对几种常见的零件修复方法进行简单介绍：

**1. 堆焊**

用电弧焊、气焊等工艺，通过热熔的方式，在磨损的零件表面堆积相应的材料，通过机械加工，恢复零件原有尺寸。堆焊可采用手工电弧堆焊、氧-乙炔焰堆焊、等离子堆焊等方法。

**2. 机械加工法**

机械加工法是零件修复过程中最主要和最基本方法，通过镶接、局部更换、镶套、压力加工等工艺，恢复零件的外形尺寸、表面粗糙度、形位公差。机械加工法可用于磨损、变形、断裂等多种故障的修复。

**3. 粘接**

利用粘接剂，将断裂的零件、有裂纹的零件粘接到一起，从而达到零件修复的目的。

### 4.2.2 施工机械故障替代修理法

替代修理法是利用完好备件替换已经损坏的零件。替代修理法在大修及现场维修时大量采用。用于替代修理法的备件应是原厂配件，与零件完全相同；自制备件时，应充分考虑零件的受力状态，采用等强度代换或者用高强度材料代替低强度材料的原则。

### 4.2.3 施工机械故障零件弃置法

零件弃置法是越过已经产生故障的零部件，将管路或电路连接起来，快速恢复施工机械功能的方法。如汽车总线中的刹车灯线损坏，造成刹车灯不亮，可暂时用单股线接通，满足使用功能；冬季施工时，机油散热器冻裂，暂时无法修复时，可将机油管直接与机体油道接通，将散热器水管短接，迅速恢复机械的作业。

必须指出的是，零件弃置法只适用于临时、应急维修，施工机械使用过程中一定要高度关注，避免因临时维修失败造成更大范围的机械故障、机械损毁。要尽快购置配件，进行彻底修理；或同步与厂家、修理单位联系请求专业咨询和维修。

# 第 5 章 施工机械设备的成本核算方法

## 5.1 施工机械设备成本核算的原则和程序

施工机械经济核算是企业经济核算的重要组成部分。实行机械成本核算，就是把经济核算的方法运用到机械施工生产和经营的各项工作中，通过核算和分析，以实施有效的监督和控制，谋求最佳的经济效益。

机械经济核算主要有机械使用费核算和机械维修费核算。

施工机械设备成本是企业成本的重要组成部分。施工机械设备成本核算对企业成本的控制和目标成本的实现起着至关重要的作用。

**1. 施工机械设备成本核算原则主要包括**

（1）合法性原则。指计入成本的费用都必须符合法律、法令、制度等的规定。不合规定的费用不能计入成本。

（2）可靠性原则。包括真实性和可核实性。真实性就是所提供的成本信息与客观的经济事项相一致，不应掺假，或人为地提高、降低成本。可核实性指成本核算资料按一定的原则由不同的会计人员加以核算，都能得到相同的结果。真实性和可核实性是为了保证成本核算信息的正确可靠。

（3）相关性原则。包括成本信息的有用性和及时性。有用性是指成本核算要为管理当局提供有用的信息，为成本管理、预测、决策服务。及时性是强调信息取得的时间性。及时的信息反馈，可及时地采取措施，改进工作。

（4）分期核算原则。企业应定期核算机械成本。成本核算的分期，必须与会计年度的分月、分季、分年相一致，这样可以便于利润的计算。

（5）权责发生制原则。应由本期成本负担的费用，不论是否已经支付，都要计入本期成本；不应由本期成本负担的费用，即使支付了，也不应计入本期成本，以便正确提供各项的成本信息。

（6）实际成本计价原则。所耗用的原材料、燃料、动力要按实际耗用数量的实际成本计算。不能采用定额成本、标准成本。

（7）一致性原则。成本核算所采用的方法，前后各期必须一致，以使各期的成本资料有统一的口径，前后连贯，互相可比。

（8）重要性原则。对于成本有重大影响的项目应作为重点，力求精确。而对于那些不太重要的琐碎项目，则可以从简处理。

**2. 施工机械设备成本核算程序**

从施工机械开始使用、成本开始发生，到工程结束，计算出机械设备总成本的步骤称为成本核算程序。

成本核算程序一般包括机械设备使用原始记录、单机核算、台班（折旧）费用分摊、进行要素费用的分配、进行综合费用的分配、计算总成本和单位成本等六个步骤。

## 5.2 施工机械设备成本核算的主要指标

施工机械设备成本是指施工机械设备在使用过程中发生的各项费用的总和。施工机械设备成本核算是机械设备全寿命期内的重要经济活动，是施工单位成本核算的重要组成部分，也是设备管理，合理配置、使用设备资源的有效措施。因此，加强施工机械设备成本核算和成本控制，对强化施工机械的管、用、养、修各过程的控制，增强企业的市场竞争能力，有着十分重要的作用。成本核算的主要指标包括：

1. 折旧费：指施工机械在规定的使用期限内，陆续收回其原值及购置资金的时间价值。

2. 大修理费：指施工机械按规定的大修理间隔台班进行必要的大修理，以恢复其正常功能所需的费用。

台班大修理费应按下列公式计算：

台班大修理费＝一次大修理费×寿命期大修理次数/耐用总台班

一次大修理费指施工机械一次大修理发生的工时费，配件费，辅料费，油燃料费及送修运杂费。

一次大修理费应以《全国统一施工机械保养修理技术经济定额》（以下简称《技术经济定额》）为基础，结合编制期市场价格综合确定。

寿命期大修理次数指施工机械在其寿命期（耐用总台班）内规定的大修理次数。寿命期大修理次数应参照《技术经济定额》确定。

3. 经常修理费：指施工机械除大修理以外的各级保养和临时故障排除所需的费用。包括为保障机械正常运转所需替换与随机配备工具附具的摊销和维护费用，机械运转及日常保养所需润滑与擦拭的材料费用及机械停滞期间的维护和保养费用等。

台班经常修理费应按下列公式计算：

台班经常修理费＝台班大修费×$K$

$K$ 为经常修理费系数，可根据全国统一施工机械台班费用编制规则进行“基础数据”取值。

4. 安拆费及场外运费：安拆费指施工机械在现场进行安装与拆卸所需的人工、材料、机械和试运转费用以及机械辅助设施的折旧、搭设、拆除等费用；场外运费指施工机械整体或分体自停放地点运至施工现场或由一施工地点运至另一施工地点的运输、装卸、辅助材料及架线等费用。

5. 人工费：指机上司机（司炉）和其他操作人员的工作日人工费及上述人员在施工机械规定的年工作台班以外的人工费。

人工费应按下列公式计算：

台班人工费＝人工消耗量×(1＋年制度工作日×年工作台班）/年工作台班

人工消耗量指机上司机（司炉）和其他操作人员工日消耗量。

年制度工作日应执行编制期国家有关规定。

人工单价应执行编制期工程造价管理部门的有关规定。

6. 燃料动力费：指施工机械在运转作业中所耗用的固体燃料（煤、木柴）、液体燃料（汽油、柴油）及水、电等费用。

7. 其他费用：指施工机械按照国家和有关部门规定应交纳的、车船使用税、保险费及年检费用等。

## 5.3 施工机械的单机核算内容与方法

施工机械的单机核算分为收入核算和成本核算和盈亏分析三大部分。通过核算分析，不断优化施工过程、施工机械的管理方法，最终达到增收节支，获得更大的经济效益。

**1. 收入核算**

收入核算即施工定额核算。由于操作人员的技术水平、熟练程度不同，施工效果不会相同；不同的操作人员在相同设备、相同的施工环境条件下所完成的工程量是不同的，因此，应进行核算，从而达到增收的目的。

以实际工作台班计算收入时，首先应统计当月实际工作台班，参考《全国统一施工机械台班费用定额》中的台班基价，计算单机收入。

以工作量计算收入时，首先应统计单机完成的实物工程量，参考本省计价定额，计算单机收入。

**2. 成本核算**

施工机械的成本分为固定成本和变动成本两部分。

固定成本包括：折旧费、养路费、车船使用税、保险费及年检等费用。固定成本可参照本公司制定的《机械设备使用费价格表》、缴费凭证等计取，每月汇总，分机计入。

变动成本包括：动力费（电费）、燃料费、维修费（含配件费、修理人员工资及附加费、保养费、润滑油、工具费及操作人员工资及附加费等）。其中，动力、燃料支出较大，是管理重点。各类成本，按实际发生的费用，按单机分摊，最终汇总为设备成本。

**3. 盈亏分析**

通过对施工机械施工过程中收入与成本的核算，可以进行效益的核算分析。通过对比，可以分析判断出每台施工机械的使用价值情况，如果成本大于收入，则要分析原因，必要时将施工机械报废。

核算的最终目的是增收节支，加强机械专业人员管好、用好施工机械的自觉性。为更好地推进和开展好单机核算，使之能真正开展起来，必须定期对单机核算进行分析，总结工作经验、教训，发现问题及时解决，做到不断完善和改进，使核算取得成绩取得效益。

# 第6章 施工临时用电安全技术规范和机械设备用电知识

## 6.1 临时用电管理

### 6.1.1 施工临时用电组织设计

**1. 临时用电的管理规定**

（1）施工现场临时用电设备在5台及以上或设备总容量在50kW及以上者，应编制用电组织设计。

（2）临时用电组织设计及变更用电时，必须履行“编制、审核、批准”程序，由电气工程技术人员组织编制，经相关部门审核及具有法人资格企业的技术负责人批准后实施。

（3）临时用电工程必须经编制、审核、批准部门和使用单位共同验收，合格后方可投入使用。

（4）施工现场临时用电设备在5台以下和设备总容量在50kW以下者，应编制安全用电和电气防火措施。审批流程、验收方式与临时用电组织设计相同。

（5）临时用电工程应定期按分部、分项工程进行检查，对安全隐患必须及时处理，并应履行复查验收手续。

（6）临时用电组织设计应按照工程规模、场地特点、负荷性质、用电容量、地区供用电条件等实际情况，合理确定设计方案。

**2. 临时用电组织设计**

施工现场临时用电组织设计应包括下列内容：

（1）现场勘测；

（2）确定电源进线、变电所或配电室、配电装置、用电装置位置及线路走向；

（3）负荷计算；

（4）选择变压器；

（5）设计配电系统：

1）设计配电线路，选择导线或电缆；

2）设计配电装置，选择电器；

3）设计接地装置；

4）绘制临时用电工程图纸，主要包括用电工程总平面图、配电装置布置图、配电系统接线图、接地装置设计图。

（6）设计防雷装置；

（7）确定防护措施；

（8）制定安全用电措施和电气防火措施。

### 6.1.2 安全用电基本知识

**1. 电工及用电人员**

(1) 电工必须经过按国家现行标准考核合格后，持证上岗工作；机械员、设备操作人员等其他用电人员必须通过相关安全教育培训和技术交底，考核合格后方可进行用电操作。

(2) 安装、巡检、维修或拆除临时用电设备和线路，必须由电工完成，并应有专人监护。电工的技术等级应同工程的难易程度和技术复杂性相适应。

(3) 各类用电人员应掌握安全用电基本知识和所用设备的性能，并应符合下列规定：

1) 使用电气设备前必须按规定穿戴和配备好相应的劳动防护用品，并应检查电气装置和保护设施，严禁设备带“缺陷”运转；

2) 保管和维护所用设备，发现问题及时报告解决；

3) 暂时停用设备的开关箱必须分断电源隔离开关，并应关门上锁；

4) 移动电气设备时，必须经电工切断电源并做妥善处理后进行。

**2. 安全技术档案**

(1) 施工现场临时用电必须建立安全技术档案，并应包括下列内容：

1) 用电组织设计的全部资料；

2) 修改用电组织设计的资料；

3) 用电技术交底资料；

4) 用电工程检查验收表；

5) 电气设备的试、检验凭单和调试记录；

6) 接地电阻、绝缘电阻和漏电保护器漏电动作参数测定记录表；

7) 定期检（复）查表；

8) 电工安装、巡检、维修、拆除工作记录。

(2) 安全技术档案应由主管该现场的电气技术人员负责建立与管理，机械员应积极配合。其中“电工安装。巡检、维修、拆除工作记录”可指定电工代管，每周由项目经理审核认可，并应在临时用电工程拆除后统一归档。

(3) 临时用电工程应定期检查。定期检查时，应复查接地电阻值和绝缘电阻值。

(4) 临时用电工程定期检查应按分部、分项工程进行，对安全隐患必须及时处理，并应履行复查验收手续。

**3. 供电线路的要求与防护要求**

施工现场临时用电工程采用中性点直接接地的220/380V三相四线低压电力系统，必须符合下列规定：

(1) 采用三级配电系统：总配电、分配电和开关箱；

(2) 采用TN-S接零保护系统：机械设备的中心线和其金属外壳保护线分别接地；

(3) 采用二级漏电保护系统：总配电和开关箱内装设漏电保护器。

**4. 外电线路防护**

(1) 在建工程不得在外电架空线路正下方施工、搭设作业棚、建造生活设施或堆放构件、架具、材料及其他杂物等。

（2）在建工程（含脚手架）的周边与外电架空线路的边线之间的最小安全操作距离应符合表 6-1 规定。

**在建工程（含脚手架）的周边与架空线路的边线之间的最小安全操作距离　　表 6-1**

| 外电线路电压等级(kV) | <1 | 1～10 | 35～110 | 220 | 330～500 |
|---|---|---|---|---|---|
| 最小安全操作距离(m) | 4.0 | 6.0 | 8.0 | 10 | 15 |

（3）施工现场的机动车道与外电架空线路交叉时，架空线路的最低点与路面的最小垂直距离应符合表 6-2 规定。

**施工现场的机动车道与架空线路交叉时的最小垂直距离　　表 6-2**

| 外电线路电压等级(kV) | <1 | 1～10 | 35 |
|---|---|---|---|
| 最小垂直距离(m) | 6.0 | 7.0 | 7.0 |

（4）起重机严禁越过无防护设施的外电架空线路作业。在外电架空线路附近吊装时，起重机的任何部位或被吊物边缘在最大偏斜时与架空线路边线的最小安全距离应符合表 6-3规定。

**起重机与架空线路边线的最小安全距离　　表 6-3**

| 电压(kV) | <1 | 10 | 35 | 110 | 220 | 330 | 500 |
|---|---|---|---|---|---|---|---|
| 沿垂直方向安全距离(m) | 1.5 | 3.0 | 4.0 | 5.0 | 6.0 | 7.0 | 8.5 |
| 沿水平方向安全距离(m) | 1.5 | 2.0 | 3.5 | 4.0 | 6.0 | 7.0 | 8.5 |

（5）当达不到（2）～（4）中的规定时，必须采取绝缘隔离防护措施，并应悬挂醒目的警告标志。

架设绝缘隔离防护设施时，必须经有关部门批准。架设时采用线路暂时停电或其他可靠的安全技术措施，并应有电气工程技术人员和专职安全人员监护。

防护设施与外电线路之间的安全距离不应小于表 6-4 所列数值。防护设施应坚固、稳定。

**防护设施与外电线路之间的最小安全距离　　表 6-4**

| 外电线路电压等级(kV) | ≤10 | 35 | 110 | 220 | 330 | 500 |
|---|---|---|---|---|---|---|
| 最小安全距离(m) | 1.7 | 2.0 | 2.5 | 4.0 | 5.0 | 6.0 |

（6）当绝缘隔离防护措施无法实现时，必须与有关部门协商，采取停电、迁移外电线路或改变工程位置等措施，未采取上述措施的严禁施工。

## 6.2　设备安全用电

### 6.2.1　配电箱、开关箱和照明线路的使用要求

#### 1. 配电箱、开关箱的设置要求

配电系统应设置配电柜或总配电箱、分配电箱、开关箱，实行三级配电。

总配电箱以下可设若干分配电箱，分配电箱以下可设若干开关箱。分配电箱与开关箱的距离不得超过30m，开关箱与控制的固定用电设备的水平距离不宜超过3m。

每台用电设备必须有各自专用的开关箱，严禁用同一个开关箱直接控制2台及2台以上用电设备（含插座）。

动力配电箱与照明配电箱宜分别设置。当合并设置为同一配电箱时，动力与照明应分路配电；动力开关箱与照明开关箱必须分设。

配电箱、开关箱应装设端正、牢固。固定式配电箱、开关箱的中心点与地面的垂直距离应为1.4～1.6m。移动式配电箱、开关箱其中心点与地面的垂直距离宜为0.8～1.6m。

配电箱的安装板上必须分设N线端子和PE线端子板。N线端子板必须与金属电器安装板绝缘；PE线端子板必须与金属电器安装板做成电器连接。

进出线中的N线必须通过N线端子板连接；PE线必须通过PE线端子连接。

**2. 配电箱的电器保护装置设置要求**

配电柜（总配电箱）应装设电源隔离开关及短路、过载、漏电保护电器装置，电源隔离开关分断时应有明显可见分断点。

开关箱必须装设隔离开关、断路器或熔断器，以及漏电保护器。当漏电保护器具有短路、过载、漏电保护功能时，可不装设断路器或熔断器。

开关箱中的隔离开关只可直接控制照明电路和容量小于3.0kW的动力电路。容量＞3.0kW的动力电路应采用断路器控制，操作频繁时还应附设接触器或其他启动控制装置。

总配电箱中漏电保护器的额定漏电动作电流应大于30mA，额定漏电动作时间应大于0.1s，但其额定漏电动作电流与额定漏电动作时间的乘积不应大于30mAs。

开关箱中漏电保护器的额定漏电动作电流不应大于30mA，地下室、潮湿或有腐蚀介质的场所，其漏电保护器的额定漏电动作电流不应大于15mA，其额定漏电动作时间均不应大于0.1s。

配电箱与开关箱内的漏电保护器极数和线数必须与其负荷侧负荷的相数和线数一致。

配电箱与开关箱内电源进线端严禁采用插头和插座做活动连接。

漏电保护器每天使用前应启动漏电试验按钮试跳一次，试跳不正常时严禁继续使用。

**3. 照明线路的使用要求**

（1）一般要求

1）在坑、洞、井内作业、夜间施工或厂房、道路、仓库、办公室、食堂、宿舍、料具堆放场及自然采光差等场所，应设一般照明、局部照明或混合照明。

在一个工作场所内，不得只设局部照明。

停电后，操作人员需及时撤离的施工现场，必须装设自备电源的应急照明。

2）现场照明应采用高光效、长寿命的照明光源。对需大面积照明的场所，应采用高压汞灯、高压钠灯或混光用的卤钨灯等。

3）照明器的选择必须接下列环境条件确定：

① 正常湿度一般场所，选用开启式照明器；

② 潮湿或特别潮湿场所，选用密闭型防水照明器或配有防水灯头的开启式照明器；

③ 含有大量尘埃但无爆炸和火灾危险的场所，选用防尘型照明器；

④ 有爆炸和火灾危险的场所，按危险场所等级选用防爆型照明器；

⑤ 存在较强振动的场所，选用防振型照明器；

⑥ 有酸碱等强腐蚀介质场所，选用耐酸碱型照明器。

4）照明器具和器材的质量应符合国家现行有关强制性标准的规定，不得使用绝缘老化或破损的器具和器材。

5）无法进行自然采光的地下大空间施工场所，应编制单项照明用电方案。

（2）照明供电

1）一般场所宜选用额定电压为220V的照明器。

2）下列特殊场所应使用安全特低电压照明器：

① 隧道、人防工程、高温、有导电灰尘、比较潮湿或灯具离地面高度低于2.5m等场所的照明，电源电压不应大于36V；

② 潮湿和易触及带电体场所的照明，电源电压不得大于24V；

③ 特别潮湿场所、导电良好的地面、锅炉或金属容器内的照明，电源电压不得大于12V。

3）使用行灯应符合下列要求：

① 电源电压不大于36V；

② 灯体与手柄应坚固、绝缘良好并耐热耐潮湿；

③ 灯头与灯体结合牢固，灯头无开关；

④ 灯泡外部有金属保护网；

⑤ 金属网、反光罩、悬吊挂钩固定在灯具的绝缘部位上。

4）远离电源的小面积工作场地、道路照明、警卫照明或额定电压为12～36V照明的场所，其电压允许偏移值为额定电压值的－10％～5％；其余场所电压允许偏移值为额定电压值的±5％。

5）照明变压器必须使用双绕组型安全隔离变压器，严禁使用自耦变压器。

6）照明系统宜使三相负荷平衡，其中每一单相回路上，灯具和插座数量不宜超过25个，负荷电流不宜超过15A。

7）携带式变压器的一次侧电源线应采用橡皮护套或塑料护套铜芯软电缆，中间不得有接头，长度不宜超过3m，其中绿/黄双色线只可作PE线使用，电源插销应有保护触头。

8）工作零线截面应按下列规定选择：

① 单相二线及二相三线线路中，零线截面与相线截面相同；

② 三相四线制线路中，当照明器为白炽灯时，零线截面不小于相线截面的50％；当照明器为气体放电灯时，零线截面按最大负载相的电流选择；

③ 在逐相切断的三相照明电路中，零线截面与最大负载相线截面相同。

（3）照明装置

1）照明灯具的金属外壳必须与PE线相连接，照明开关箱内必须装设隔离开关、短路与过载保护电器和漏电保护器。

2）室外220V灯具距地面不得低于3m，室内220V灯具距地面不得低于2.5m。

普通灯具与易燃物距离不宜小于300mm；聚光灯、碘钨灯等高热灯具与易燃物距离不宜小于500mm，且不得直接照射易燃物。达不到规定安全距离时，应采取隔热措施。

3）路灯的每个灯具应单独装设熔断器保护。灯头线应做防水弯。

4）荧光灯管应采用管座固定或用吊链悬挂。荧光灯的镇流器不得安装在易燃的结构物上。

5）碘钨灯及钠、铊、铟等金属卤化物灯具的安装高度宜在3m以上，灯线应固定在接线柱上，不得靠近灯具表面。

6）投光灯的底座应安装牢固，应按需要的光轴方向将枢轴拧紧固定。

7）螺口灯头的绝缘外壳无损伤、无漏电，其相线接在与中心触头相连的一端，零线接在与螺纹口相连的一端。

8）灯具内的接线必须牢固，灯具外的接线必须做可靠的防水绝缘包扎。

9）临时工程的照明灯具宜采用拉线开关控制，开关安装位置宜符合下列要求：

① 拉线开关距地面高度为2～3m，与出入口的水平距离为0.15～0.2m，拉线的出口向下；

② 其他开关距地面高度为1.3m，与出入口的水平距离为0.15～0.2m。

10）灯具的相线必须经开关控制，不得将相线直接引入灯具。

11）对夜间影响飞机或车辆通行的在建工程及机械设备，必须设置醒目的红色信号灯，其电源应设在施工现场总电源开关的前侧，并应设置外电线路停止供电时的应急自备电源。

### 6.2.2 保护接零和保护接地的区别

电气设备的保护接地和保护接零是保障用电安全的重要措施。

**1. 接地的有关概念**

电气设备的某部分与大地之间做良好的电气连接，称为接地。接地体，或称接地极是指埋入地中并直接与大地接触的金属导体；接地体又分人工接地体和自然接地体两种，前者是专门为接地而人为装设的接地体；后者是兼作接地体用的直接与大地接触的各种金属构件、金属管道及建筑物的钢筋混凝土基础等；连接接地体与设备、装置接地部分的金属导体，称为接地线。接地线在设备、装置正常运行情况下是不载流的，但在故障情况下要通过接地故障电流；接地线与接地体合称为接地装置；由若干接地体在大地中相互用接地线连接起来的一个整体，称为接地网。

**2. 接地的形式**

电力系统和电气设备的接地，按其作用不同分为：工作接地，保护接地和重复接地等。

（1）工作接地

工作接地是为保证电力系统和设备达到正常工作要求而进行的一种接地，例如在电源中性点直接接地的电力系统中，变压器、发电机的中性点接地等。

电力系统的工作接地又有两种方式，一种是电源的中性点直接接地称大电流接地系统，一种是电源的中性点不接地或经消弧线圈接地，称小电流接地系统。建筑6～10kV供电系统均为中性点不接地或经消弧线圈接地的小电流接地系统。在110kV以上的超高压和380/220V的低压系统中多采用中性点接地的大电流接地系统。低压配电系统中工作接地的接地电阻一般不大于4Ω。

各种工作接地有各自的功能。例如电源中性点直接接地，能在运行中维持三相系统中相线对地电压不变；而电源中性点经消弧线圈接地，能在单相接地时消除接地点的断续电弧，防止系统出现过电压；电源的中性点不接地，能在单相接地时维持线电压不变，使三相设备仍能照常运行；至于防雷装置的接地，其功能更是显而易见的，不进行接地就无法对地泄放雷电流，从而无法实现防雷的要求。

（2）保护接地

电气设备的金属外壳可能因绝缘损坏而带电，为防止这种电压危及人身安全而人为地将电气设备的外露可导电部分与大地作良好的连接称为保护接地。保护接地的接地电阻不大于4Ω。保护接地的型式有两种：一种是电气设备的外露可导电部分经各自的PE线（保护线）分别直接接地（如在TT、IT系统中），我国电工技术界习惯称为保护接地；另一种是电气设备的外露可导电部分经公共的PE线（如在TN-S系统中）或PEN线（如在TN-C和在TN-C-S系统中）接地，我国电工技术界习惯称为保护接零。

IEC标准中，根据系统接地型式，将低压配电系统分为三种：IT系统、TT系统和TN系统。

1）TN系统。TN系统的电源中性点直接接地，并引出有N线，属三相四线制大电流接地系统。系统上各种电气设备的所有外露可导电部分（正常运行时不带电），必须通过保护线与低压配电系统的中性点相连（属于保护接零）。接零保护的作用是：当设备的绝缘损坏时，相线碰及设备外壳，使相线与零线发生短路，由于短路电流很大，迅速使该相熔丝熔断或使电源的自动开关跳脱，切断了电源，从而避免了人身触电的可能性。因此，接零保护是防止中性点直接接地系统电气设备外壳带电的有效措施。

按N线与保护线PE的组合情况，TN系统分以下三种形式：

① TN-C系统：简称三相四线制系统，这种系统的N线和PE线合为一根PEN（保护中性线）线，所有设备的外露可导电部分均与PEN线相连。当三相负荷不平衡或只有单相用电设备时，PEN线上有电流通过，其系统如图3-1所示，因而TN-C系统通常用于三相负荷比较平衡工业企业建筑，在一般住宅和其他民用建筑内，不应采用TN-C系统。

② TN-S系统：简称三相五线制系统，这种系统将N线和PE线分开设置，所有设备的外露可导电部分均与公共PE线相连。其系统图如图3-2所示。这种系统的优点在于公共PE线在正常情况下没有电流通过，因而，保护线和用电设备金属外壳对地没有电压，可较安全地用于一般民用建筑以及施工现场的供电，应用较广泛。

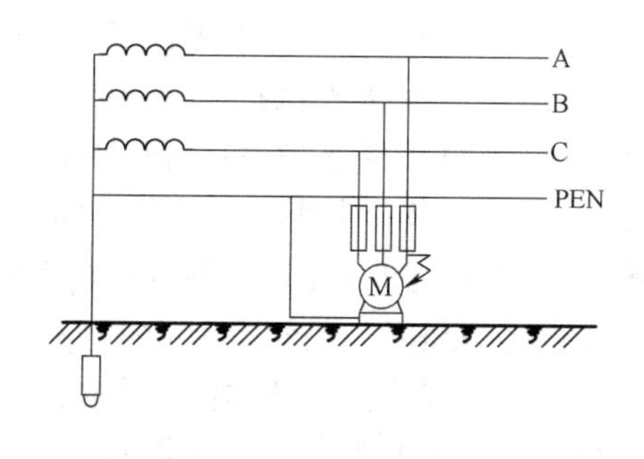

图6-1　TN-C系统

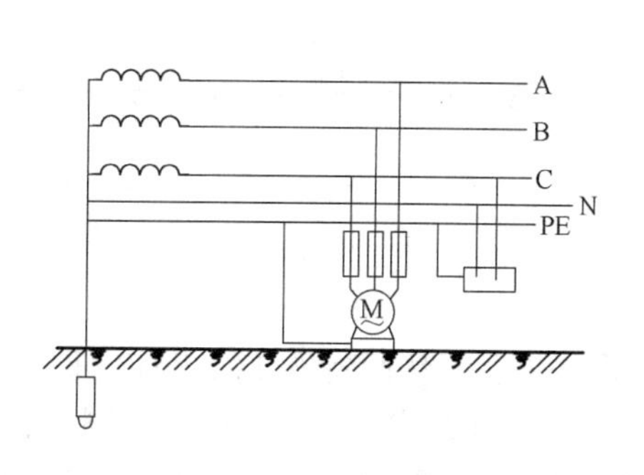

图6-2　TN-S系统

③ TN-C-S 系统：在这种保护系统中，中性线与保护线有一部分是共同的，有一部分是分开的，其系统图如图 6-3 所示。这种系统兼有 TN-C 和 TN-S 系统的特点。

2）TT 系统。TT 系统的中性点直接接地，并引出有 N 线，而电气设备经各自的 PE 线接地与系统接地相互独立。TT 系统一般作为城市公共低压电网向用户供电的接地系统，即通常所说的三相四线供电系统。其系统图如图 6-4 所示。采用 TT 系统，应注意下列问题：

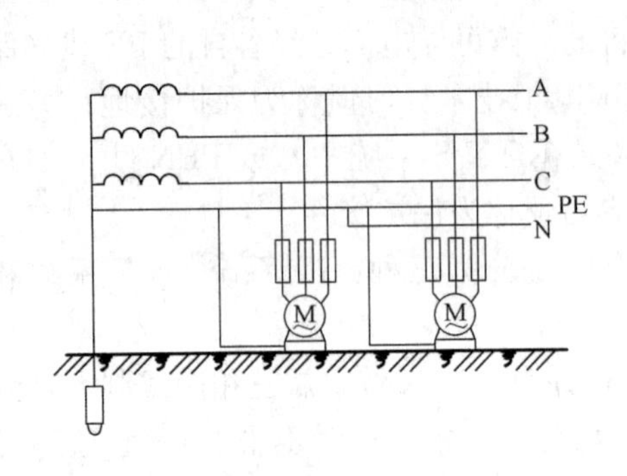


图 6-3　TN-C-S 系统

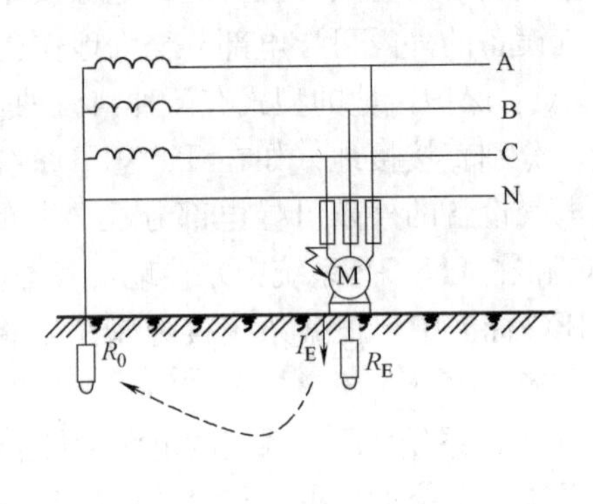


图 6-4　TT 系统

① 在 TT 系统中，当用电设备某一相绝缘损坏而碰壳（图 6-4）时，若系统的工作接地电阻和用电设备接地电阻均按 4Ω 计算，不计线路阻抗则短路故障电流为 IE＝220/(4＋4)＝27.5A。一般情况下，27.5A 的电流不足以使电路中的过电流保护装置动作，用电设备外壳上的电压为 27.5×4＝110V，这一电压将长时间存在，对人身安全构成威胁。解决这一问题最实际有效的方法是装设灵敏度较高的漏电保护装置，使 IT 系统变得更加安全。漏电保护器 RCD 的动作电流一般很小（通常几十毫安），即很小的故障短路电流就可使 RCD 动作，切断电源，从而安全人身安全。需要注意的是安装 RCD 后，用电设备的保护接地不可省略，否则 RCD 不能及时动作。

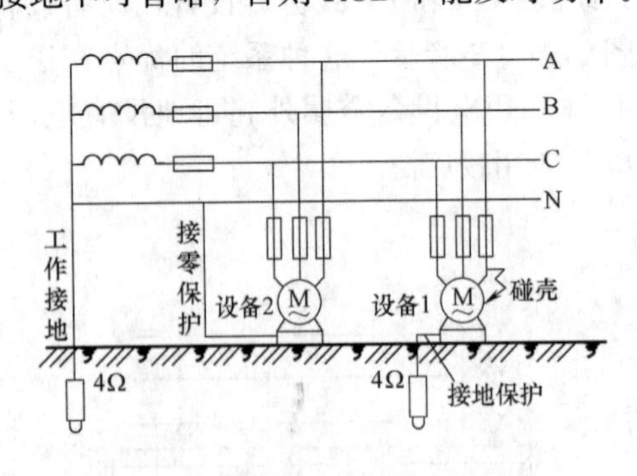


图 6-5　TT 系统中的错误接线

② 对 TT 系统或 TN 系统而言，同一系统中不允许有的设备采用接地保护，同时有的设备采用接零保护，否则当采用接地保护的设备发生单相接地故障时，采用接零保护的设备的外露可导电部分将带上危险的电压。例如图 6-5 中，用电设备 1 采用接零保护，用电设备 2 采用接地保护。当设备 2 发生相线碰壳故障时，由以上分析，零线 N 上带有 110V 的危险电压，将使用电设备 1 上也带上 110V 的电压，将使故障设备上的危险电压“传递”到正常工作的用电设备 1 上，从而将事故隐患加以扩大，所以，在 TT、TN 系统中应杜绝此类接线方式。

③ 在 TT 统中，能够被人体同时触及的不同用电设备，其金属外壳应采用同一个接地装置进行接地保护，以保证各用电设备外壳上的等电位。

3）IT系统。在IT系统中，系统的中性点不接地或经阻抗接地，不引出N线，属三相三线制小电流接地系统。正常运行时不带电的外露可导电部分如电气设备的金属外壳必须单独接地、成组接地、或集中接地，传统称为保护接地。其系统如图6-6所示。该系统的一个突出优点就在于当发生单相接地故障时，其三相线电压仍维持不变，三相用电设备仍可暂时继续运行，但同时另两相的对地电压将由相电压升高到线电压，并当另一相再发生单相接地故障时，将发展为两相接地短路，导致供电中断，因而该系统要装设绝缘监测装置或单相接地保护装置。IT系统的另一个优点与TT系统一样，是其所有设备的外露可导电部分，都是经各自的PE线分别直接接地，各台设备的PE线间无电磁联系，因此也适用于对数据处理、精密检测装置等供电。IT系统在我国矿山、冶金等行业应用相对较多，在建筑供电中应用较少。

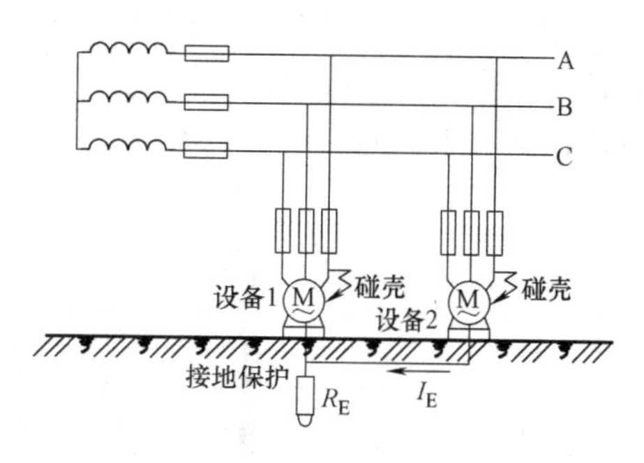

图6-6　IT系统

（3）重复接地

在TN系统中，为提高安全程度应当采用重复接地：在架空线的干线和分支线的终端及沿线每一公里处；电缆或架空线在引入车间或大型建筑物处。以TN-C系统为例，如图6-7所示，在没有重复接地的情况下，在PE或PEN线发生断线并有设备发生一相接地故障时，接在断线后面的所有设备的外露可导电部分都将呈现接近于相电压的对地电压，即$U_E=U_\Phi$，这是很危险的。如果进行了重复接地，如图6-8所示，则在发生同样故障时，断线后面的PE线或PEN线的对地电压$U'_E=I_E R'_E$。假设电源中性点接地电阻$R_E$与重复接地电阻$R'_E$相等，则断线后面一段PE线或PEN线的对地电压$U_E=U_\Phi/2$，其危险程度大大降低。当然实际上由于$R'_E>R_E$，故$U'_E>U_\Phi/2$，对人还是有危险的，因此，PE线或PEN线的断线故障应尽量避免。施工时，一定要保证PE线和PEN线的安装质量。运行中也要特别注意对PE线和PEN线状况的检视，根据同样的理由，PE线和PEN线上是不允许装设开关或熔断器。

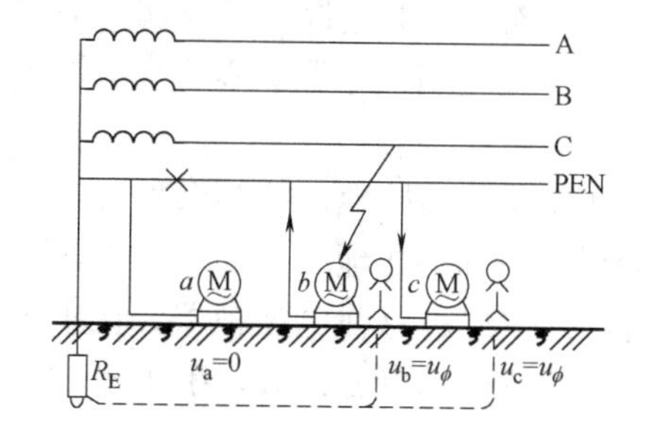

图6-7　无重复接地时中性线断裂的情况

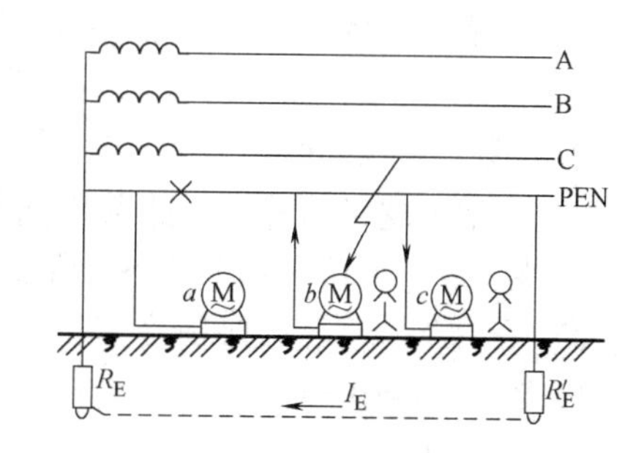

图6-8　有重复接地时中性线断裂的情况

（4）等电位连接

等电位连接是使电气装置各外露可导电部分和装置外可导电部分电位基本相等的一种电气联结措施。采用接地故障保护时，在建筑物内应作总等电位连接，当电气装置或其某一部分的接地故障保护不能满足规定要求时，尚应在局部范围内做局部等电位联结。

总等电位联结是在建筑物进线处，将PE线或PEN线与电气装置接地干线、建筑物内的各种金属管道（如水管、煤气管、采暖空调管道等）以及建筑物金属构件等都接向总等电位联结端子，使它们都具有基本相等的电位，见图6-9中MEB。

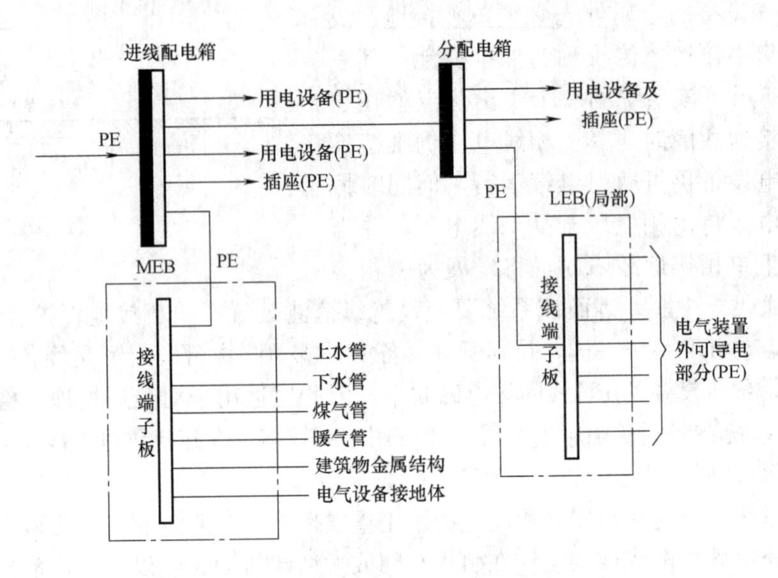


图6-9　总等电位联结和局部等电位联结
MEB—总等电位联结；LEB—局部等电位联结

局部等电位联结又称辅助等电位联结，是在远离总等电位联结处、非常潮湿、触电危险性大的局部地域内进行的等电位联结，作为总等电位联结的一种补充，见图6-9中LEB。通常在容易触电的浴室及安全要求极高的胸腔手术室等地，宜作局部等电位联结。

等电位联结是接地故障保护的一项重要安全措施，实施等电位联结能大大降低接触电压（是指电气设备的绝缘损坏时，人的身体可同时触及的两部分之间的电位差），在保证人身安全和防止电气火灾方面有十分重要的意义。

**3. 施工现场电气设备的接地**

1）在施工现场专用变压器的供电的TN-S接零保护系统中，电气设备的金属外壳必须与保护零线连接。保护零线应由工作接地线、配电室（总配电箱）电源侧零线或总漏电保护器电源侧零线处引出。

2）当施工现场与外电线路共用同一供电系统时，电气设备的接地、接零保护应与原系统保持一致。不得一部分设备做保护接零，另一部分设备做保护接地。

3）采用TN系统做保护接零时，工作零线（N线）必须通过总漏电保护器，保护零线（PE线）必须由电源进线零线重复接地处或总漏电保护器电源侧零线处，引出形成局部TN-S接零保护系统。

4）施工现场的临时用电电力系统严禁利用大地作相线或零线。

5）PE线上严禁装设开关或熔断器，严禁通过工作电流；且严禁断线。

6）相线、N线、PE线的颜色标记必须符合以下规定：相线L1（A）、L2（B）、L3（C）相序的绝缘颜色依次为黄、绿、红色；N线的绝缘颜色为淡蓝色；PE线的绝缘颜色为绿/黄双色。任何情况下上述颜色标记严禁混用和互相代用。

**4. 施工现场电气设备的保护接零**

在 TN 系统中，下列电气设备不带电的外露可导电部分应做保护接零：

1）电机、变压器。电器、照明器具、手持式电动工具的金属外壳；

2）电气设备传动装置的金属部件；

3）配电柜与控制柜的金属框架；

4）配电装置的金属箱体、框架及靠近带电部分的金属围栏和金属门；

5）电力线路的金属保护管、敷线的钢索、起重机的底座和轨道、滑升模板金属操作平台等；

6）安装在电力线路杆（塔）上的开关、电容器等电气装置的金属外壳及支架。

### 6.2.3 漏电保护器的使用要求

剩余电流保护装置又称为漏电保护器，是一种电气安全装置，当回路中有电流泄漏且达到一定值时，漏电保护器可向断路器发出跳闸信号，切断电路。在施工现场的低压配电系统中，其作用是防止电击事故、防止漏电引起电气火灾和电气设备损坏事故的发生。

**1. 漏电保护器的应用**

（1）对直接接触电击事故的防护

1）在直接接触电击事故的防护中，漏电保护器只作为直接接触电击事故基本防护措施的补充保护措施（不包括对相与相、相与 N 线间形成的直接接触电击事故的保护）。

2）用于直接接触电击事故防护时，应选用一般型（无延时）的漏电保护器。其额定剩余动作电流不超过 30mA。

（2）对间接接触电击事故的防护

1）间接接触电击防护，主要是采用自动切断电源的保护方式，以防止发生接地故障电气设备的外露可导电部分持续带有危险电压而产生电击的危险。

2）在间接接触防护中，采用自动切断电源的漏电保护器时，应正确地与电网的接地型式相配合。

① TN 系统

a. 采用漏电保护器的 TN-C 系统，应根据电击防护措施的具体情况，将电气设备外露可接近导体独立接地，形成局部 TT 系统。

b. 在 TN 系统中，必须将 TN-C 系统改造为 TN-C-S，TN-S 系统或局部 TT 系统后，才可安装使用漏电保护器。在 TN-C-S 系统中，漏电保护器只允许使用在 N 线与 PE 线分开部分。

② TT 系统

TT 系统的电气线路或电气设备必须装设漏电保护器作为防电击事故的保护措施。

（3）对电气火灾的防护

1）为防止电气设备与线路因绝缘损坏引起的电气火灾，宜装设当漏电电流超过预定值时，能发出声光信号报警或自动切断电源的漏电保护器。

2）为防止电气火灾发生而安装漏电电流动作电气火灾监控系统时，应对建筑物内防火区域作出合理的分布设计，确定适当的控制保护范围；其漏电动作电流的预定值和预定动作时间，应满足分级保护的动作特性相配合的要求。

（4）分级保护

低压供用电系统中为了缩小发生人身电击事故和接地故障切断电源时引起的停电范围，漏电保护器应采用分级保护。

1）分级保护方式的选择应根据用电负荷和线路具体情况的需要，一般可分为两级或三级保护。各级漏电保护器的动作电流值与动作时间应协调配合，实现具有动作选择性的分级保护。

2）漏电保护器的分级保护应以末端保护为基础。末端用电设备必须安装漏电保护器。末端保护上一级保护的保护范围应根据负荷分布的具体情况确定其保护范围。

**2. 施工现场必须安装漏电保护器的设备和场所**

1）属于Ⅰ类的移动式电气设备及手持式电动工具；

2）生产用的电气设备；

3）施工工地的电气机械设备；

4）安装在户外的电气装置；

5）临时用电的电气设备；

6）除壁挂式空调电源插座外的其他电源插座或插座回路；

7）安装在水中的供电线路和设备；

8）其他需要安装漏电保护器的场所。

注：电气产品按防电击保护绝缘等级可分为0、Ⅰ、Ⅱ、Ⅲ四类。Ⅰ类产品的防电击防护不仅依靠设备的基本绝缘，而且还包含一个附加的安全预防措施。其方法是将可能触及的可导电的零件与已安装的固定线路中的保护线连接起来，以使可触及的可导电的零件在基本绝缘损坏的事故中不成为带电体。

**3. 漏电保护器的选用**

漏电保护器的技术条件应符合GB 6829等相关规范的有关规定，并具有国家认证标志，其技术额定值应与被保护线路或设备的技术参数相配合。

（1）根据电气设备的供电方式选用漏电保护器：

1）单相220V电源供电的电气设备应选用二极二线式漏电保护器；

2）三相三线式380V电源供电的电气设备，应选用三级三线式漏电保护器；

3）三相四线式380V电源供电的电气设备，或单相设备与三相设备共用的电路，应选用三极四线或四极四线式漏电保护器。

（2）漏电保护器的额定动作电流要充分考虑电气线路和设备的对地泄漏电流值，必要时可通过实际测量取得被保护线路或设备的对地泄漏电流。因季节性变化引起对地泄漏电流值变化时，应考虑采用动作电流可调式漏电保护器。

（3）采用分级保护方式时，安装使用前应进行串接模拟分级动作试验，保证其动作特性协调配合。

（4）根据电气设备的工作环境条件选用漏电保护器：

1）漏电保护器应与使用环境条件相适应；

2）对电源电压偏差较大地区的电气设备应优先选用动作功能与电源电压无关的漏电保护器；

3）在高温或特低温环境中的电气设备应选用非电子型漏电保护器；

4）安装在易燃、易爆、潮湿或有腐蚀性气体等恶劣环境中的漏电保护器，应根据有关标准选用特殊防护条件的漏电保护器，或采取相应的防护措施。

（5）漏电保护器动作参数的选择

1）手持式电动工具、移动电器、家用电器等设备应优先选用额定漏电动作电流不大于30mA、一般型（无延时）的漏电保护器。

2）单台电气机械设备，可根据其容量大小选用额定漏电动作电流30mA以上、100mA及以下、一般型（无延时）的漏电保护器。

3）电气线路或多台电气设备（或多住户）的电源端为防止接地故障电流引起电气火灾，安装的漏电保护器，其动作电流和动作时间应按被保护线路和设备的具体情况及其泄漏电流值确定。必要时应选用动作电流可调和延时动作型的漏电保护器。

4）在采用分级保护方式时，上下级剩余电流保护装置的动作时间差不得小于0.2s。上一级漏电保护器的极限不驱动时间应大于下一级漏电保护器的动作时间，且时间差应尽量小。

5）选用的漏电保护器的额定漏电不动作电流，应不小于被保护电气线路和设备的正常运行时泄漏电流最大值的2倍。

6）除末端保护外，各级漏电保护器应选用低灵敏度延时型的保护装置。且各级保护装置的动作特性应协调配合，实现具有选择性的分级保护。

（6）对特殊负荷和场所应按其特点选用漏电保护器

1）安装在潮湿场所的电气设备应选用额定漏电动作电流为16～30mA、一般型（无延时）的漏电保护器。

2）安装在水池、浴室等特定区域的电气设备应选用额定漏电动作电流为10mA、一般型（无延时）的漏电保护器。

3）在金属物体上工作，操作手持式电动工具或使用非安全电压的行灯时，应选用额定漏电动作电流为10mA，一般型（无延时）的漏电保护器。

4）连接室外架空线路的电气设备，可能发生冲击过电压时，可采取特殊的保护措施（例如：采用电涌保护器等过电压保护装置），并选用增强耐误脱扣能力的漏电保护器。

**4. 漏电保护器的安装**

（1）漏电保护器安装要求

1）漏电保护器安装应符合有关标准的要求。

2）漏电保护器安装应充分考虑供电方式、供电电压、系统接地型式及保护方式。

3）漏电保护器的型式、额定电压、额定电流、短路分断能力、额定漏电动作电流、分断时间应满足被保护线路和电气设备的要求。

4）漏电保护器在不同的系统接地型式中应正确接线。

5）采用不带过电流保护功能，且需辅助电源的漏电电流保护装置时，与其配合的过电流保护元件（熔断器）应安装在漏电保护器的负荷侧。

（2）漏电保护器对电网的要求

1）漏电保护器负荷侧的N线，只能作为中性线，不得与其他回路共用，且不能重复接地。

2）TN-C系统的配电线路因运行需要，在N线必须有重复接地时，不应将漏电保护器作为线路电源端保护。

3）安装漏电保护器的电动机及其他电气设备在正常运行时的绝缘电阻不应小于 0.5MΩ。

（3）安装漏电保护器的施工要求

1）漏电保护器标有电源侧和负荷侧时，应按规定安装接线，不得反接。

2）安装漏电电流断路器时，应按要求，在电弧喷出方向有足够的飞弧距离。

3）组合式漏电保护器其控制回路的连接，应使用截面积不小于 $1.5mm^2$ 的铜导线。

4）漏电保护器安装时，必须严格区分 N 线和 PE 线，三极四线式或四极四线式漏电保护器的 N 线应接入保护装置。通过漏电保护器的 N 线，不得作为 PE 线，不得重复接地或接设备外露可接近导体。PE 线不得接入漏电保护器。

5）漏电保护器投入运行前，应操作试验按钮，检验漏电保护器的工作特性，确认能正常动作后，才允许投入正常运行。

6）漏电保护器安装后的检验项目：

a. 用试验按钮试验 3 次，应正确动作。

b. 漏电保护器带额定负荷电流分合三次，均应可靠动作。

7）漏电保护器的安装必须由经技术考核合格的专业人员进行。

8）项目部应建立保存漏电保护器的安装及试验记录。

**5. 漏电保护器的运行和管理**

1）漏电保护器投入运行后，项目部应建立相应的管理制度，并建立动作记录。

2）漏电保护器投入运行后，必须定期操作试验按钮，检查其动作特性是否正常。雷击活动期和用电高峰期应增加试验次数。

3）用于手持式电动工具和移动式电气设备和不连续使用的漏电保护器，应在每次使用前进行试验。

4）因各种原因停运的漏电保护装置再次使用前，应进行通电试验，检查装置的动作情况是否正常。

5）漏电保护器动作后，经检查未发现动作原因时，允许试送电一次。如果再次动作，应查明原因找出故障，不得连续强行送电。必要时对其进行动作特性试验，经检查确认漏电保护器本身发生故障时，应在最短时间内予以更换。严禁退出运行、私自撤除或强行送电。

6）漏电保护器运行管理单位应定期检查分析漏电保护器的使用情况，对已发现的有故障的漏电保护器应立即更换。

7）漏电保护器运行中遇有异常现象，应由电工进行检查处理，以免扩大事故范围。

### 6.2.4 行程开关（限位开关）的使用要求

行程开关（限位开关）是一种常用的小电流主令电器。利用生产机械运动部件的碰撞使其触头动作来实现接通或分断控制电路，达到一定的控制目的。在施工机械上，这类开关是重要的安全保护装置，通常被用来限制机械运动的位置或行程，使运动机械按一定位置或行程自动停止或反向运动。如起重机械的高度限位开关（高度限制器）、运行行程开关（运行行程限位器）、回转限位开关（回转限位）、幅度限位开关（幅度限位器）等。

行程开关按其结构，可分为直动式、滚轮式、微动式和组合式。

直动式行程开关动作原理同按钮类似，当外界运动部件上的撞块碰压推杆时，其触头动作；当运动部件离开后，在弹簧作用下，其触头自动复位。如图 6-10 所示。

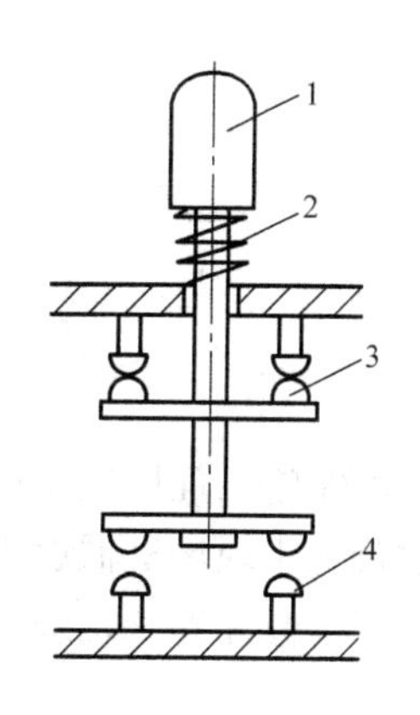


图 6-10 直动式行程开关组成
1—推杆；2—弹簧；3—动断触点；4—动合触点

滚轮式行程开关：其结构原理如图 6-11 所示，当被控机械上的撞块撞击带有滚轮的撞杆时，撞杆转向右边，带动凸轮转动，顶下推杆，使微动开关中的触点迅速动作。当运动机械返回时，在复位弹簧的作用下，各部分动作部件复位。

滚轮式行程开关又分为单滚轮自动复位和双滚轮（羊角式）非自动复位式，双滚轮行移开关具有两个稳态位置，有“记忆”作用，在某些情况下可以简化线路。

微动式行程开关的结构原理如图 6-12 所示。

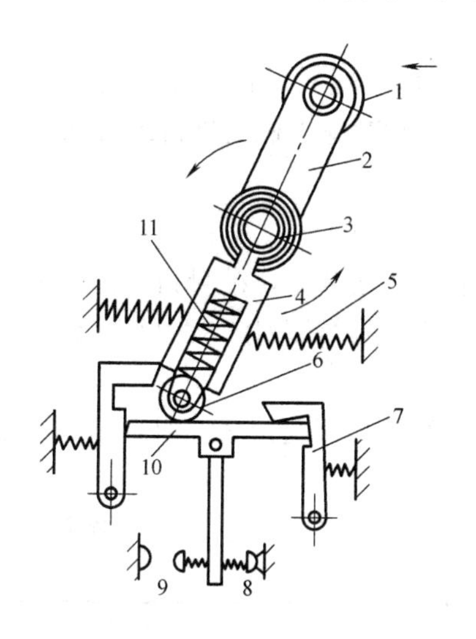


图 6-11 滚轮式行程开关组成
1—滚轮；2—上转臂；3、5、11—弹簧；4—套架；6—滑轮；7—压板；8、9—触点；10—横板

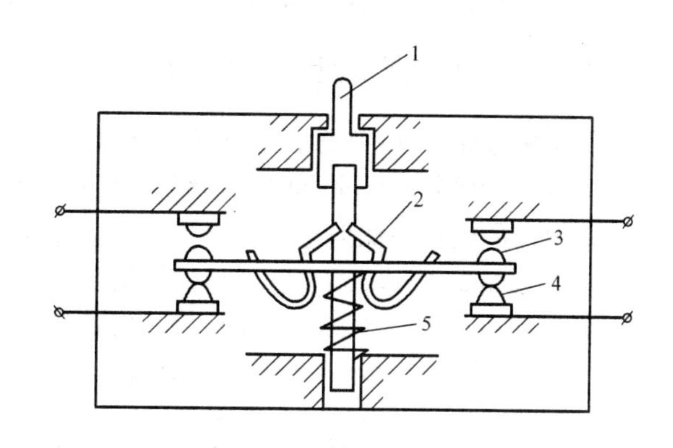


图 6-12 微动式行程开关
1—推杆；2—弹簧；3—动合触点；4—动断触点；5—压缩弹簧

# 第7章 施工机械设备管理计划

为确保施工现场机械设备的使用安全，防止和减少机械事故的发生，建筑施工企业应加强建筑施工现场机械设备维护保养，保证进入建筑施工现场机械设备完好，做好机械设备的常规维修保养和常规安全检查，并提前进行计划。

## 7.1 施工机械设备常规维修保养计划

施工机械设备的维护保养是设备安全运行的重要保证，其工作质量的好坏直接影响到项目施工速度和效益。通过对设备的检查、调整、保养、润滑、维修，可以减少施工机械的磨损，降低故障率，提高施工机械的使用效率。

在施工机械的使用过程中，应根据施工机械的使用年限、运行状况、工作任务的轻重，参考故障浴盆曲线，编制施工机械维修保养计划，并及时对施工机械进行维修保养。

### 7.1.1 常规保养计划的编制

施工机械管理部门根据每台机械已运转台时、运转情况及任务量，结合机械的保养要求，确定进行保养的级别和时间，编制保养计划，见表7-1。保养计划中应明确保养的时间、需保养的内容、保养方法以及保养的具体要求。

重点设备应单独编制保养计划，机械员应重点关注保养落实情况，必要时，组织专业技术人员进行协助，并对保养质量进行检验。

**××年施工机械保养计划表** **表7-1**

计划部门：________________ 提出日期：

| 月份 / 保养内容 / 机械名称 | 1 | 2 | 3 | 4 | 5 | 6 | 7 | 8 | 9 | 10 | 11 | 12 |
|---|---|---|---|---|---|---|---|---|---|---|---|---|
| | | | | | | | | | | | | |
| | | | | | | | | | | | | |
| | | | | | | | | | | | | |
| | | | | | | | | | | | | |
| | | | | | | | | | | | | |
| | | | | | | | | | | | | |
| | | | | | | | | | | | | |

批准/日期：____________ 审核/日期：____________ 计划/日期：____________

### 7.1.2 常规维修计划的编制

**1. 施工机械维修的主要类别**

施工机械维修分为大修、中修、小修、应急修理。

(1) 高级保养（亦称小修）

小修是以维修工人为主操作工人参加的定期检修工作。对设备进行部分解体、清洗、检修，更换或修复严重磨损件，恢复设备的部分精度，使之达到工艺要求。

金属切削设备的保养间隔一般为2500～3000运转小时，主要内容是：

1）更换设备中部分磨损快、腐蚀快、烧损快的零部件；

2）清洗部分设备零部件，清除可以调整的被扩大了的问题。紧固机件里的卡楔和螺丝；

3）按照规定周期更换润滑脂；

4）测量并记录设备的主要精度及部分零配件的磨损、烧损变形和腐蚀的情况。

（2）中修

中修是工作量较大的一类修理，一般要求对设备进行部分解体、修复或更换磨损的部件，校正设备的基准，使设备的主要精度达到工艺要求。

（3）整机大修

这是工作量最大的一种修理方式。大修设备全部解体，修理基准件、更换或修复所有损坏零配件，全面消除缺陷，恢复原有精度、性能、效率，达到出厂标准或满足工艺要求的标准。

在设备进行大修时，应尽量结合技术改造进行，提高原设备的精度和性能。

（4）应急修理

是指对设备突发性故障的报警、处理、抢修、恢复等过程。

**2. 常规维修计划的编制**

施工机械管理部门根据每台机械已运转时间、运转情况及任务量；机械的状态以及机械的维修要求，确定维修的级别和日程，年初编制维修计划，如表7-2所示。维修计划中应明确维修级别、需维修的主要部件，维修的时间，作业人员等具体内容，并下达修理任务单。

**施工机械修理计划表** **表7-2**

填报单位：

| 机械编号 | 机械名称 | 规格型号 | 上次修理后已运转时间 | 本次修理类别 | 主要修理项目 | 预计金额 | 送修时间 | | | 送修单位 | 承修单位 | 备注 |
|---|---|---|---|---|---|---|---|---|---|---|---|---|
| | | | | | | | 上旬 | 中旬 | 下旬 | | | |
| | | | | | | | | | | | | |
| | | | | | | | | | | | | |
| | | | | | | | | | | | | |
| | | | | | | | | | | | | |
| | | | | | | | | | | | | |

负责人： 填报人： 实际报出日期：

中修、小修下达普通修理计划，大修要下达大修计划。对于塔式起重机、施工电梯等大型设备，每年都要制定维修保养计划。

# 7.2 施工机械设备常规安全检查计划

## 7.2.1 安全生产责任制

施工机械安全生产责任制是企业岗位责任制的重要内容之一。由于施工机械的安全直接影响施工生产的安全，所以施工机械的安全指标应列入企业经理的任期目标。企业的经理是企业施工机械的总负责人，应对施工机械安全负全责。根据“管生产的同时必须管安全”的原则，对企业各级领导、各职能部门，直到每个施工生产岗位上的职工，都要根据其工作性质和要求，明确其对施工机械安全的责任。

落实施工机械安全责任制，首先施工企业应建立设备综合管理体系，设置设备管理部门或人员，施工项目部应配备设备管理员负责机械设备的管理工作。施工企业与项目部应形成机械安全管理网。其次是内容落实，各项安全要求和责任要落实到各项制度规定中，落实到每个人的身上，以保证施工机械安全责任制的贯彻执行。同时，企业安全管理部门既要管施工生产的安全，又要管机械的安全，两者是不可分割的。

### 7.2.2　安全管理制度

施工机械安全管理制度应健全，最基本的有“三定”制度，交接班制度、持证操作制度、岗位责任制度，安全检查监督制度等。施工企业与项目部根据自身的特点，要建立和完善各项机械管理制度，这是保证施工机械安全无事故的必要条件。施工项目部应严格执行机械设备交接班制度，认真填写设备运转、保养、维修记录。机械操作应严格执行定人、定机、定岗制度，严禁无证操作或随意换岗换机操作。

《建筑机械使用安全技术规程》JGJ 33—2012 是住房和城乡建设部发布的施工机械安全技术标准。它是根据机械的结构和运转特点，以及安全运行的要求，规定机械使用和操作过程中必须遵守的事项、程序及动作等基本规则，是机械安全运行、安全作业的重要保障。机械施工和操作人员认真执行这个规程，可保证机械的安全运行，防止事故的发生。

### 7.2.3　安全教育

除了施工机械专业管理人员必须参加岗位培训和继续教育，取得建设行政主管部门颁发的专业管理人员岗位合格证书，施工机械特种作业人员必须经过特种作业人员岗位培训，取得建设行政主管部门颁发的特种作业人员操作资格证书外，建筑施工企业还应对施工机械管理和操作人员经常性地进行机械安全教育，机械安全教育每年不得少于一次。其中包括针对专业人员进行具有专业特点的安全教育工作，也叫专业安全教育，以及对各种机械的操作人员进行专业技术培训和机械使用安全技术规程的学习。

施工项目部应当配备国家及行业机械管理的规范、标准，定期或不定期组织机械操作人员学习与培训，提高机械操作人员业务素质。

### 7.2.4　安全检查

施工企业应严格执行设备定期、不定期检查制度，检查时间应得到保障，企业每季、分支机构（分公司）每月、项目部每周、作业班组每天进行检查，并做好检查记录。检查人员对检查结果负责。

施工机械设备安全检查的形式很多，譬如：日常检查（包括巡回检查，班组的班前、班中、班后岗位安全检查），定期检查（施工企业季度检查、分支机构〈分公司〉月度检查和项目部每周一次的检查等），季节性检查和节假日检查（包括针对各种气候特点的检查，以及国家法定节假日、重大节庆及活动前后组织的检查等）。

施工机械设备安全检查可以与企业综合性安全检查同时进行，也可以单独组织，还可以在机械安全活动中开展百日无事故、安全运行标兵等竞赛活动等形式进行。

施工机械设备安全检查的内容包括：一是施工机械设备管理机构和人员落实情况，以及各岗位各类人员安全责任和施工机械设备管理制度落实情况；二是机械本身的故障和安全装置的检查，主要是消除机械故障和隐患，确保安全装置灵敏可靠；三是机械安全施工生产的检查，主要是检查施工条件、施工方案、措施是否能确保机械安全生产。

施工企业与项目部都应编制机械设备安全检查计划，明确专门部门组织实施。

施工机械设备安全检查的目的是查处机械安全隐患，整改是机械安全检查的重要组成部分，也是检查结果的归宿。

### 7.2.5 安全检查计划的编制

编制机械设备安全检查计划目的是为了确保机械施工安全，保证机械各项规章制度的有效实施。安全检查是安全生产的重要手段，基本任务是发现和查明机械设备的隐患、监督各项安全规章制度的实施，制止违章作业，防范和整改隐患。检查内容包括机械设备安全生产、作业安全、安全隐患、安全规章制度的执行。检查的形式包括日常安全检查、定期安全检查、专业性检查、季节性检查等。机械设备安全检查计划见表 7-3。

**机械设备安全检查计划** **表 7-3**

填报单位：__________ 年 月 日

| 序号 | 检查形式 | 检查时间 | 检查人员 | 检查目的 | 检查内容 | 备注 |
|---|---|---|---|---|---|---|
| | | | | | | |
| | | | | | | |
| | | | | | | |
| | | | | | | |

批准： 审核： 编制：

日常检查：日常检查主要是要提高大家的安全意识，督促机械人员在施工中安全操作，及时发现安全隐患，消除隐患，保证机械施工安全。日常检查有：班组进行班前、班后岗位安全检查，各级机械员及安全员日常巡回安全检查，各级机械管理人员的安全检查等。检查内容有机械设备安全作业、劳动防护、安全隐患整改、劳动纪律等。

定期检查：企业定期安全检查可每季度组织一次，分支机构（分公司）可每月或每半月组织一次检查，项目部要每周检查一次。定期检查属全面性和考核性的检查。

专业性检查：由机械专业部门的单独组织。机械相关人员参加。针对机械安全存在的突出问题进行单项检查。这类检查针对性强，能有的放矢，对帮助提高施工机械专业技术人员水平有很大作用。

季节性检查：季节性和节假日前后的安全检查。季节性检查是针对气候特点，如夏季、冬季、雨季等可能给施工机械施工安全和施工人员健康带来危害而组织的安全检查。节假日前后的安全检查，主要是防止机械人员在这一段时间思想放松、纪律松懈而容易发生事故。

所有检查要有记录。

# 第 8 章 施工机械设备的选型和配置

## 8.1 根据施工方案及工程量选配机械设备

随着科技的发展，施工机械设备得到了突飞猛进的发展，其种类、性能、质量得到了大幅提高，为机械化施工奠定了良好的基础。同时，建筑工程机械化施工的实现，不仅能降低劳动力的需要，减轻大量繁重的体力劳动，提高劳动生产率，保证工程的质量，而且还能降低工程造价，促进施工管理水平和施工技术的进步与发展。

功能强大、质量优异的施工机械，必须与先进的施工方法、合理的施工组织、科学的经济成本核算相结合，通过合理选配、优化组合、正确使用，才能最大限度地发挥机械的效率，提高工程质量和降低工程成本。因此，加强机械设备的选配尤为重要。

**1. 提高施工机械化程度**

凡是在工程施工中可以使用机械和机具的工作，都应尽量使用机械和机具来代替手工劳动，目的是提高劳动生产率，节省劳动力，加快建设速度，提高工程质量，降低材料消耗和成本，最终取得良好的经济效益。这包括三个内容：

(1) 以机械代替手工劳动；

(2) 选择合适的机械。选择不当，不但不能发挥机械的正常效用，影响工程进度，反而会增加使用费用，达不到机械化施工的目的。

(3) 合理配备机械。配备不合理，将直接影响到能否发挥机械化施工的作用，一个工程要根据具体情况来决定配备多少台施工机械以及主辅机械配备比例等。

**2. 优化施工组织计划**

根据本公司、施工所在地的施工机械拥有情况，结合本公司的施工工艺、机械操作水平，在满足工程质量、进度要求基础上，项目部应选择合适的机械、合理优化机械组合，最大限度地发挥机械的效率。通过科学的施工组织，采用现代管理技术，以定量化的方法，制定各种施工方案，并以最优的方案组织施工，才能取得良好的经济效益，降低施工成本。

**3. 采用先进的机械**

通过多种渠道，了解施工机械的最新动态，购买、租赁高效、节能的先进机械，淘汰性能差、产能低、高能耗的机械，提供生产效率。

**4. 确保机械正常运转**

做到科学管理，正确使用，定期保养和及时维修。

**5. 机械设备合理优化及管理**

随着施工机械大量应用到建筑施工过程中，机械设备已成为决定施工生产的质量、工期、成本的重要因素。由于施工机械种类繁多，型号、规格、工作性能及作业特点均各不相同，需要施工机械专业人员进行装备策划，选择一种技术可行、安全保障、经济合理的机械设备配置方案，同时施工企业要合理设定管理体系，充分发挥机械设备的使用效率，重视施工机械管理，管好、用好、维修好机械设备，力求降低生产成本，提高企业盈利水平。

### 8.1.1 施工机械的选择和使用原则

**1. 施工机械的选择**

选择施工机械主要根据企业施工项目的需求，由工程特点、施工方法、工程量、施工进度以及经济效益等因素确定。

（1）施工机械的工作参数

1）工作容量

施工机械的工作容量常以机械装置的外形尺寸、作用力（功率）和工作速度来表示。例如挖掘机和装载机的斗容量，推土机的铲刀尺寸等。

2）生产率

施工机械的生产率是指单位时间（小时、台班、月、年）机械完成的工程数量。生产率的表示可分为以下三种：

① 理论生产率。指机械在设计标准条件下，连续不停工作时的生产率。理论生产率只与机械的型式和构造（工作容量）有关，与外界的施工条件无关。一般机械技术说明书上的生产率就是理论生产率，是选择机械的一项主要参数。

施工机械的理论生产率，通常按下式表示：

$$Q_L = 60A$$

式中 $Q_L$——机械每小时的理论生产率；

$A$——机械一分钟内所完成的工作量。

② 技术生产率。指机械在具体施工条件下连续工作的生产率，考虑了工作对象的性质和状态以及机械能力发挥的程度等因素。这种生产率是可以争取达到的生产率，用下列公式表示：

$$Q_W = 60AK_W$$

式中 $Q_W$——机械每小时的生产率；

$K_W$——工作内容及工作条件的影响系数，不同机械所含项目不同。

③ 实际生产率。指机械在具体施工条件下，考虑了施工组织及生产时间的损失等因素后的生产率。可用下列公式表示：

$$Q_Z = 60AK_W k_B$$

式中 $Q_Z$——机械每小时的生产率；

$k_B$——机械生产时间利用系数。

3）动力

动力是驱动各类施工机械进行工作的原动力，施工机械动力包括动力装置类型和功率。

4）工作性能参数

施工机械的主要参数，一般列在机械的说明书上，选择、计算和使用机械时可参照查用。

(2) 施工机械需要量的计算

施工机械需要的数量是根据工程量、计划时段内的台班数、机械的利用率和生产率来确定的，可用下列公式计算：

$$N=\frac{P}{WQk_B}$$

式中 $N$——需要机械的台数；

$P$——计划时段内应完成的工程量（$m^3$）；

$W$——计划时段内的制度台班数；

$Q$——机械的台班生产率（$m^3$/台班）；

$k_B$——机械的利用率。

对于施工工期长的大型工程，以年为计划时段。对于小型和工期短的工程，或在某一特定时段内完成的工程，可根据实际需要选取计划时段。

机械的台班生产率 $Q$ 可根据现场实测确定，或者根据以往类似工程获得的经验确定。机械的生产率的认定可根据制造厂家推荐的资料，但须持谨慎态度。采用理论公式计算时，应当仔细选取有关参数，特别是影响生产率最大的时间利用系数 $k_B$ 值。

(3) 施工机械设备选择的方法

1) 综合评分法

当有多台同类机械设备可供选择时，可以考虑机械的技术特点，通过对某种特性分级打分的方法比较其优劣。如表 8-1 中所列甲、乙、丙三台机械，在用综合评分法评比后，选择最高得分者（甲机）用于施工。

**综合评分法** **表 8-1**

| 序号 | 特性 | 等级 | 标准分 | 甲 | 乙 | 丙 |
|---|---|---|---|---|---|---|
| 1 | 工作效率 | A/B/C | 10/8/6 | 10 | 10 | 8 |
| 2 | 工作质量 | A/B/C | 10/8/6 | 8 | 8 | 8 |
| 3 | 使用费和维修费 | A/B/C | 10/8/6 | 8 | 10 | 6 |
| 4 | 能源耗费量 | A/B/C | 10/8/6 | 6 | 6 | 6 |
| 5 | 占用人员 | A/B/C | 10/8/6 | 6 | 4 | 4 |
| 6 | 安全性 | A/B/C | 10/8/6 | 8 | 6 | 6 |
| 7 | 完好性 | A/B/C | 10/8/8 | 8 | 6 | 6 |
| 8 | 维修难易 | A/B/C | 8/6/4 | 4 | 6 | 6 |
| 9 | 安、拆方便性 | A/B/C | 8/6/4 | 8 | 6 | 4 |
| 10 | 对气候适应性 | A/B/C | 8/6/4 | 8 | 4 | 4 |
| 11 | 对环境影响 | A/B/C | 6/4/2 | 4 | 4 | 4 |
| 总计分数 | | | | 78 | 70 | 62 |

2) 单位工程量成本比较法

机械设备使用的成本费用分为可变费用和固定费用。可变费用随着机械的工作时间变化而变化，如操作人员工资、燃料动力费、小修理费、直接材料费等；固定费用是按一定的施工期限分摊的费用，如折旧费、大修理费、机械管理费、投资应付利息、固定资产占用费等。

租赁机械的固定费用是应按期交纳的租金。有多台机械可供选用时，应优先选择单位工程量成本费用较低的机械。单位工程量成本的计算公式是：

$$C=\frac{R+PX}{QX}$$

式中 $C$——单位工程量成本；

$R$——定期间固定费用。主要包括：折旧费、大修费、投资利息、保管费等；

$P$——单位时间变动费用；

$Q$——单位作业时间产量；

$X$——实际作业时间（机械使用时间）。

3）界限时间比较法

界限时间（$X_o$）是指两台机械设备的单位工程量成本相同时的时间。由方法 2 的计算公式可知单位工程量成本 $C$ 是机械作业时间 X 的函数，当 A、B 两台机械的单位工程量成本相同，即 $C_A=C_B$ 时，则有：

$$\frac{R_a+P_aX}{Q_a}=\frac{R_bQ_a+P_bX}{Q_bT}$$

界限时间（$X_o$）：

$$X_o=\frac{P_bQ_a-R_aQ_b}{P_aQ_b-P_bQ_a}$$

当 A、B 两机单位作业时间产量相同，即 $Q_a=Q_b$ 时，则界限时间：

$$X_o=\frac{R_b-R_a}{P_a-P_b}$$

由图 8-1（$a$）可以看出，当 $Q_a=Q_b$ 时，应按总费用多少选择机械。由于项目已定，两台机械需要的使用时间 $X$ 是相同的。

即需要使用时间（$X$）=应完成工程量/单位时间产量$=X_a=X_b$

当 $X<X_o$ 时，选择 B 机械；$X>X_o$ 时，选择 A 机械。

由图 8-1（b）可以看出，当 $Q_a\neq Q_b$ 时，两台机械的需要使用时间不同，$X_a\neq X_b$。在二者都能满足项目施工进度要求的条件下，应根据单位工程量成本低者选择机械。

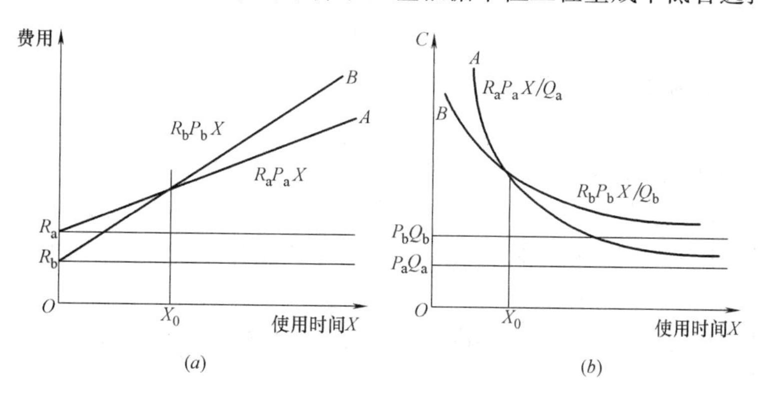


图 8-1 界限时间比较法

$R_bQ_a-R_aQ_b>0$，$P_bQ_a-P_aQ_b>0$，当 $X<X_o$ 时，应选择 A 机械，$X>X_o$ 时，应选择 B 机械；

$R_bQ_a-R_aQ_b<0$，$P_bQ_a-P_aQ_b<0$，当 $X<X_o$ 时，应选择 B 机械，$X>X_o$ 时，应选择 A 机械；

例 1：现有两个功能相同的设备 A 和 B，其中设备 A 每年的固定费用为 60000 元，每小时的运行费用为 2000 元，每小时完成的工程量为 80t；设备 B 每年的固定费用为 100000 元，每小时的运行费用为 2500 元，每小时完成的工程量 120t，请问若当年使用时间为 100 小时，应选择哪个设备？

解：

计算两个设备单位工程量成本相等的时间 $X_o$

$$X_o=\frac{100000\times80-60000\times120}{2000\times120-2500\times80}=\frac{800000}{40000}=20\ (\mathrm{h})$$

$R_bQ_a-R_aQ_b>0$，$P_bQ_a-P_aQ_b>0$，$X>X_o$时，应选择 B 机械。

例 2：如果 B 每年的固定费用为 80000 元，每小时运行费用为 3000 元，那么又应如何选择？

解：计算两个设备单位工程量成本相等的时间 $X_o$

$$X_o=\frac{80000\times80-60000\times120}{2000\times120-4000\times80}=\frac{-800000}{-80000}=10\ (\mathrm{h})$$

$R_bQ_a-R_aQ_b<0$，$P_bQ_a-P_aQ_b<0$，$X>X_o$时，应选择 A 机械。

例 3：A、B 两种建筑机械，单位时间内的生产能力相同。其中 A 机械月固定费 7000 元，每小时操作费 40 元；B 机械月固定费 8500 元，每小时操作费 30 元。每月按 22 个台班计算，每台班按 6 小时或 8 小时工作。问各应如何选择？

解：

① 求界限使用时间 $X_o$

$$X_o=\frac{R_bq_a-R_aq_b}{P_aq_b-P_bq_a}=\frac{R_b-R_a}{P_a-P_b}=\frac{8500-7000}{40-30}=150\ (\mathrm{h})$$

② 按月 22 台班，每台班 6 小时工作计算。

实际使用时间为 $22\times6=132\ (\mathrm{h})<150\mathrm{h}$，且 $R_b-R_a>0$，$P_a-P_b>0$，所以，应选 A 机械为好。

③ 按月 22 台班，每台班 8 小时工作计算。

实际使用时间为 $22\times8=176\ (\mathrm{h})<150\mathrm{h}$，且 $R_b-R_a>0$，$P_a-P_b>0$，所以，应选 B 机械为好。

**2. 施工机械的使用原则**

正确使用是机械使用管理的基本要求，它包括技术合理和经济合理两个方面的内容。

技术合理：按照机械性能、使用说明书、操作规程以及正确使用机械的各项技术要求使用机械。

经济合理：在机械性能允许范围内，能充分发挥机械的效能，以较低的消耗，获得较高的经济效益。

根据技术合理和经济合理的要求，机械的正确使用主要有以下三个标志：

1）高效率。机械使用必须使其生产能力得以充分发挥。在机械组合使用时，至少应使其主要机械的生产能力得以充分发挥。机械如果长期处于低效运行状态，那就是不合理使用的主要表现。

2）经济性。高效率使用机械时，还必须考虑经济性的要求。使用管理的经济性，要求在可能的条件下，使单位实物工程量的机械使用费成本最低。

3）机械非正常损耗防护。机械正确使用追求的高效率和经济性，必须建立在不发生非正常损耗的基础上，否则就不是正确使用，而是拼机械、吃老本。机械的非正常损耗是指由于使用不当而导致机械早期磨损、事故损坏以及各种使机械技术性能受到损害或缩短机械使用寿命等现象。

以上三个标志是衡量机械是否做到正确使用的主要指标。要达到上述要求的因素是多方面的，有施工组织设计方面和人的因素，也有各种技术措施方面的因素等，图 8-2 是影响机械使用的主要因素分析，机械使用管理就是对表列各项因素加以研究并付诸实现。

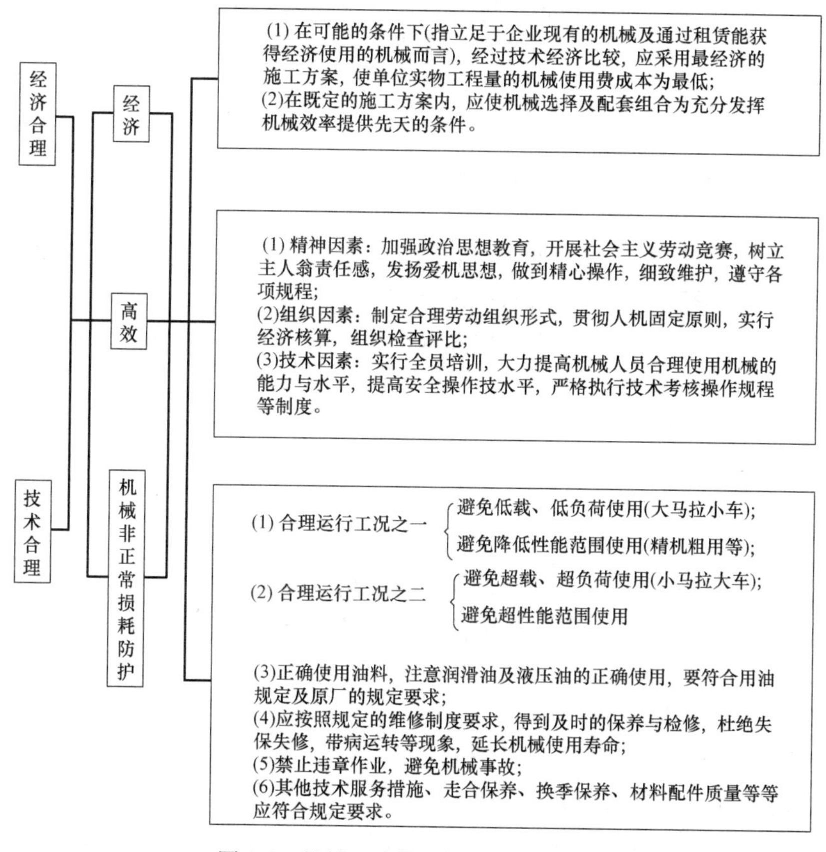


图 8-2　机械正确使用的主要因素分析

## 8.1.2　施工机械使用的现场条件

### 1. 施工场地

1）根据施工现场实际情况、施工顺序，合理考虑机械停放、机械作业、行驶路线、管线设置、材料堆放等位置关系，合理布置施工场地。

2）施工场地要做好“三通一平”，为机械使用提供良好的工作环境。需要浇筑基础的机械（塔式起重机、施工升降机等），要预先浇筑好符合规范要求的轨道基础或固定基础。一般机械的安装、安放场地必须平整坚实，四周要有排水沟。

3）为保证机械顺利运行，应设置必需的临时设施，主要有：设备仓库、停机场、机修所、油库，以及固定机械用的工作棚等。其设置要点是：位置要选择得当，布置要合理，便于机械施工作业和使用管理，符合安全要求，建造费用低，以及交通运输方便等。

4）根据施工机械作业时的最大用电量和用水量，设置相应的电、水输入设施，配合相关人员做好施工现场的临时用电方案，保证机械施工用电、用水的需要。

**2. 施工道路**

当施工机械和车辆无法到达施工现场时，必须修建临时道路。修建临时道路前，必须做好调查研究和勘测设计，根据选线原则和要求，进行技术和经济比较，选择最优方案。

临时道路的选线原则是：

1）线路应简捷，路面要根据施工机械的数量、规格及运行情况合理设计。

2）不影响主体工程施工，避免穿过不良地段、地基、沟渠和农田。

3）线路最短，工程量最少，行车安全方便，修建费用和行车费用最低。

**3. 安全用电**

1）施工现场临时用电设备在5台及以上或设备总容量在50kW及以上者，应编制用电组织设计。

2）电工必须经过国家现行标准考核合格后，持证上岗工作；其他用电人员必须通过相关安全教育培训和技术交底，考核合格后方可上岗工作。

3）安装、巡检、维修或拆除临时用电设备和线路，必须由电工完成，并应有人监护。电工等级应同工程的难易程度和技术复杂性相适应。

4）施工现场中电动施工机械和手持式电动工具的选购、使用、检查和维修应遵守下列规定：

① 选购的电动施工机械、手持式电动工具及其用电安全装置符合相应的国家现行有关强制性标准的规定，且具有产品合格证和使用说明书；

② 建立和执行专人专机负责制，并定期检查和维修保养；

③ 接地符合规范要求，运行时产生振动的设备的金属基座、外壳与PE线的连接点不少于二处；

④ 漏电保护符合规范要求；

⑤ 按使用说明书使用、检查、维修。

5）每台用电设备必须有各自专用的开关箱，严禁用同一个开关箱直接控制2台及2台以上用电设备（含插座）。开关箱与其控制的固定式用电设备的水平距离不宜超过3m。

6）塔式起重机、外用电梯、滑升模板的金属操作平台及需要设置避雷装置的物料提升机，除应连接PE线外，还应做重复接地。设备的金属结构构件之间应保证电气连接。

7）每一台电动施工机械或手持式电动工具的开关箱内，除应装设过载、短路、漏电保护电器外，还应按规范要求装设隔离开关或具有可见分断点的断路器，以及按照规范要求装设控制装置。正、反向运转控制装置中的控制电器应采用接触器、继电器等自动控制电器，不得采用手动双向转换开关作为控制电器。

### 8.1.3 施工机械的现场管理

**1. 施工机械的使用登记**

项目开工前，项目部机械员应根据项目施工需要，编制施工机械申请计划。计划中，应注明所需施工机械的名称、规格（型号）、数量、进场时间等。施工机械申请计划由项目负责人签字签认。

工程规模较大、工期较长的项目，或设计变更较大的项目应定期（每月、季）编制施工机械进场计划，在申请计划范围内，列出本期进场施工机械的准确计划。进场计划应注明所需施工机械的名称、规格（型号）、数量、进场时间等。

项目部根据施工机械申请计划、进场计划组织、落实施工机械，并按计划时间组织施工机械进场。

设备单位应提供功能达到要求、安全装置齐全、环保型的完好施工机械。

项目部机械员对进场施工机械的工作性能、环保要求、安全装置等进行检查验收，并填写"机具、设备检验验收单"，方可办理移交使用手续，投入使用。对于有危险隐患，不能安全运行及污染排放超标的设备不许进入施工现场。进场施工机械应随机移交机械履历书等运行、维修记录。

项目部应建立施工机械管理台账，如实填写施工机械运行、维修记录。

建筑起重机械安装验收合格之日起30日内，将建筑起重机械安装验收资料、建筑起重机械安全管理制度、特种作业人员名单等，向工程所在地县级以上地方人民政府建设主管部门办理建筑起重机械使用登记。登记标志置于或者附着于该设备的显著位置。

**2. 对施工机械操作人员的安全技术交底**

根据《建设工程安全生产管理条例》（中华人民共和国国务院令第393号）第二十七条规定：建设工程施工前，施工单位负责项目管理的技术人员应当对有关安全施工的技术要求向施工作业班组、作业人员作出详细说明，并由双方签字确认。

（1）安全技术交底内容

1）工程概况和施工机械各项技术经济指标和要求；

2）施工机械的正确安装（拆卸）工艺、作业程序、操作方法及注意事项；

3）安全注意事项；

4）对安装（拆卸）、操作人员的要求。

（2）安全技术交底要求

1）安全技术交底必须符合规范、规程的相应规定，同时符合各行业制定的有关规定、准则以及所在省市地方性的具体政策和法规的要求；

2）安全技术交底必须执行国家各项技术标准。施工企业制定的企业工艺标准、管理标准等技术文件在交底时应认真执行；

3）安全技术交底还应符合与实施设计图的要求，符合施工组织设计或专项方案的要求，包括技术措施、施工进度等要求；

4）对不同层次的操作人员，其技术交底深度与详细程度不同，对不同人员的交底要有针对性；

5）安全技术交底应通过书面文件方式予以确认；

6）安全技术交底工作完毕后，所有参加交底的人员必须履行签字手续，交底人、被交底人、安全员三方各留执一份，并记录存档。

**3. 对施工机械操作人员的管理**

1）建立施工机械操作人员管理制度、施工机械操作规程及维护保养制度、奖罚措施；

2）加强对机械操作人员遵章守纪、到岗到位、服务情况的监督、检查，杜绝违章作业；

3）对机械操作人员进行进场安全教育、安全技术交底，提高其安全操作水平；

4）向机械操作人员提供齐全、合格的安全防护用品和安全的作业条件；

5）监督、帮助机械操作人员进行施工机械的保养、维护。对发现的机械故障及时排除，严禁带病作业；

6）组织或者委托有能力的培训机构对机械操作人员进行年度安全生产教育培训或者继续教育；

7）建立机械操作人员管理档案。

**4. 施工机械的安装和验收**

1）进入施工现场的机械，必须保持技术状况完好，安全装置齐全、灵敏、可靠，机械编号和技术标牌完整、清晰。起重、运输机械应经年审并具有合格证。

2）需要在现场安装的机械，应根据机械技术文件（随机说明书、安装图纸和技术要求等）的规定进行安装。大型设备的安装、拆卸，都必须制定专项施工方案，经审批后方可实施。大型设备的安装必须由具有资质证件的专业队承担，要按有针对性的安拆方案进行作业。建筑起重机械（如塔式起重机、施工升降机）的安装、拆卸，应由安装单位编制建筑起重机械安装、拆卸工程专项施工方案，并由本单位技术负责人签字；施工前，必须告知工程所在地县级以上地方人民政府建设主管部门，具体执行《建筑起重机械安全监督管理规定》。

3）施工机械安装要有专人负责，安装完毕应按规定进行技术试验，并按照《建筑起重机械安全监督管理规定》的要求，由总承包单位组织验收合格后方可交付使用，或由起重机械检验检测机构检测合格后使用。

4）电力拖动的机械要做到一机、一闸、一箱，漏电保护装置灵敏可靠，电气元件、接地、接零和布线符合规范要求，电缆卷绕装置灵活可靠。

5）现场机械的明显部位或机棚内要悬挂切实可行的简明安全操作规程和岗位责任标牌。

# 第9章　特种设备安装、拆卸工作的安全监督检查

## 9.1　对特种机械的安装、拆卸作业进行安全监督检查

### 9.1.1　建筑起重机械的产权登记

**1. 法律规定**

为了加强建筑起重机械的安全监督管理，防止和减少生产安全事故，保障人民群众生命和财产安全，依据《建设工程安全生产管理条例》《特种设备安全监察条例》《安全生产许可证条例》，2008年1月28日，住房和城乡建设部出台了第166号令《建筑起重机械安全监督管理规定》，对全国建筑起重机械的租赁、安装、拆卸、使用实施监督管理。《建筑起重机械安全监督管理规定》明确要求建筑起重机械必须实行产权备案登记制度。

根据第166号令精神，住房和城乡建设部2008年4月18日制定出台了《建筑起重机械备案登记办法》，给出了具体的操作办法。各省、市根据地方的实际情况，也出台了建筑起重机械的管理文件。

**2. 产权登记的责任主体**

出租单位在建筑起重机械首次出租前，自购建筑起重机械的使用单位在建筑起重机械首次安装前，应当持建筑起重机械特种设备制造许可证、产品合格证、制造监督检验证明（2014年1月1日以后出厂的设备不需要提供），到本单位工商注册所在地县级以上地方人民政府建设主管部门办理备案。

出租单位或者自购建筑起重机械使用单位即产权单位是建筑起重机械的产权登记的主体，必须在建筑起重机械首次出租或安装前办理产权备案手续，才能投入使用。

**3. 产权登记的程序**

设备备案机关应当自收到产权单位提交的备案资料之日起7个工作日内，对符合备案条件且资料齐全的建筑起重机械进行编号，向产权单位核发建筑起重机械备案证明。

**4. 产权登记应提交的资料**

产权单位在办理备案手续时，应当向设备备案机关提交以下资料：

（一）建筑起重机械设备备案申请表；

（二）设备产权单位法人营业执照副本；

（三）特种设备制造许可证；

（四）产品合格证；

（五）制造监督检验证明（2014年1月1日以后的出厂设备不需要提供）；

（六）建筑起重机械设备购销合同、发票或相应有效凭证；

（七）设备备案机关规定的其他资料。

所有资料复印件应当加盖产权单位公章，原件备查。

**5. 产权变更**

起重机械产权单位变更时，原产权单位应当持建筑起重机械备案证明到设备备案机关办理备案注销手续。设备备案机关应当收回其建筑起重机械备案证明。

原产权单位应当将建筑起重机械的安全技术档案移交给现产权单位。

现产权单位应当按照本办法办理建筑起重机械备案手续。

### 9.1.2 安装单位的主体资格

**1. 安装单位的资质要求**

从事建筑起重机械安装、拆卸活动的单位（以下简称安装单位）应当依法取得建设主管部门颁发的相应资质和建筑施工企业安全生产许可证，并在其资质许可范围内承揽建筑起重机械安装、拆卸工程。

《建筑业企业资质等级标准》将建筑业企业资质分为施工总承包企业资质、专业承包企业资质、施工劳务企业资质等三大类。起重设备安装工程专业承包企业资质是专业承包企业资质等级标准中的一项。

起重设备安装工程专业承包企业资质分为一级、二级、三级。各级安装单位的承包工程范围是：

一级企业：可承担塔式起重机、各类施工升降机和门式起重机的安装与拆卸。

二级企业：可承担3150kN·m以下塔式起重机、各类施工升降机和门式起重机的安装与拆卸。

三级企业：可承担800kN·m以下塔式起重机、各类施工升降机和门式起重机的安装与拆卸。

**2. 安装拆卸人员的素质要求**

建筑起重机械的安装、拆卸必须由持证的建筑施工特种作业人员完成。

与建筑起重机械的安装、拆卸相关的建筑施工特种作业人员包括：

（1）建筑电工；

（2）建筑架子工；

（3）建筑起重司索信号工；

（4）建筑起重机械司机；

（5）建筑起重机械安装拆卸工。

特种作业人员应在资格允许范围内，从事特种作业。从事建筑起重机械安装拆卸的特种作业人员现场作业范围：

建筑起重机械司机（塔式起重机）：在建筑工程施工现场从事固定式、轨道式和内爬升式塔式起重机的驾驶操作；

建筑起重司索信号工：在建筑工程施工现场从事对起吊物体进行绑扎、挂钩等司索作业和起重指挥作业；

建筑起重机械安装拆卸工（塔式起重机）：在建筑工程施工现场从事固定式、轨道式和内爬升式塔式起重机的安装、附着、顶升和拆卸作业。

在对安装单位资格审核时，应核实其拥有的特种作业人员数量、类别。对安装单位进场作业人员审核时，应审核特种作业人员的特种作业操作资格证书。其种类、数量应能满足建筑起重机械安装拆卸的需要，且在有效期内。

**3. 安装单位的安全职责**

（1）按照安全技术标准及建筑起重机械性能要求，编制建筑起重机械安装、拆卸工程专项施工方案。

根据《危险性较大的分部分项工程安全管理办法》规定，一般起重机械设备自身的安装、拆卸属于危险性较大的分部分项工程范围；采用非常规起重设备、方法，且单件起吊重量在100kN及以上的起重吊装工程，起重量300kN及以上的起重设备安装工程、高度200m及以上内爬起重设备的拆除工程属于超过一定规模的危险性较大的分部分项工程范围。

建筑起重机械安装、拆卸工程应编制专项方案，并由本单位技术负责人签字。

超过一定规模的危险性较大的分部分项工程专项方案应当由安装单位组织召开专家论证会。实行施工总承包的，由施工总承包单位组织召开专家论证会。

（2）在施工前，安装单位应按照安全技术标准及安装使用说明书等检查建筑起重机械及现场施工条件。如条件不具备或存在危险因素应暂缓施工。

（3）专项方案实施前，编制人员或项目技术负责人应当向现场管理人员和作业人员进行安全技术交底并签字确认。

（4）安装单位应制定建筑起重机械安装、拆卸工程生产安全事故应急救援预案。

（5）安装单位应将建筑起重机械安装、拆卸工程专项施工方案，安装、拆卸人员名单，安装、拆卸时间等材料报施工总承包单位和监理单位审核后，告知工程所在地县级以上地方人民政府建设主管部门。

### 9.1.3 建筑起重机械安装拆卸前的准备工作

**1. 签订安装合同的要求**

建筑起重机械使用单位和安装单位应当在签订的建筑起重机械安装、拆卸合同中明确双方的安全生产责任。

实行施工总承包的，施工总承包单位应当与安装单位签订建筑起重机械安装、拆卸工程安全协议书。

**2. 编制安装拆卸专项施工方案**

建筑起重机械安装、拆卸属于危险性较大分部分项工程，根据《危险性较大分部分项工程安全管理办法》（建质［2009］87号文）规定，建筑起重机械安装、拆卸工程应编制专项方案。

（1）专项施工方案的内容

专项方案编制应当包括以下内容：

1）工程概况：危险性较大的分部分项工程概况、施工平面布置、施工要求和技术保证条件。

2）编制依据：相关法律、法规、规范性文件、标准、规范及图纸（国标图集）、施工组织设计等。

3）施工计划：包括施工进度计划、材料与设备计划。

4）施工工艺技术：技术参数、工艺流程、施工方法、检查验收等。

5）施工安全保证措施：组织保障、技术措施、应急预案、监测监控等。

6）劳动力计划：专职安全生产管理人员、特种作业人员等。

7）计算书及相关图纸。

根据各类建筑起重机械的特殊性，住房和城乡建设部先后发布了《建筑施工塔式起重机安装、使用、拆卸安全技术规程》JGJ 196—2010、《建筑施工升降机安装、使用、拆卸安全技术规程》JGJ 215—2010等标准，对各类建筑起重机械安装专项方案分别做出了更详细的要求，编写专项方案时应执行。

（2）专项方案的审批与执行

专项方案应当由安装单位技术部门组织本单位施工技术、安全、质量等部门的专业技术人员进行审核。经审核合格的，由安装单位技术负责人签字。实行施工总承包的，专项方案应当由总承包单位技术负责人及相关安装单位技术负责人签字。

不需专家论证的专项方案，经安装单位审核合格后报监理单位，由项目总监理工程师审核签字。

超过一定规模的危险性较大的分部分项工程专项方案应当由安装单位组织召开专家论证会。实行施工总承包的，由施工总承包单位组织召开专家论证会。

专项方案经论证后，专家组应当提交论证报告，对论证的内容提出明确的意见，并在论证报告上签字。该报告作为专项方案修改完善的指导意见。

安装单位应当根据论证报告修改完善专项方案，并经安装单位技术负责人、项目总监理工程师、建设单位项目负责人签字后，方可组织实施。

实行施工总承包的，应当由施工总承包单位、相关安装单位技术负责人签字。

专项方案经论证后需做重大修改的，施工单位应当按照论证报告修改，并重新组织专家进行论证。

施工单位应当严格按照专项方案组织施工，不得擅自修改、调整专项方案。

如因设计、结构、外部环境等因素发生变化确需修改的，修改后的专项方案应当重新审核。对于超过一定规模的危险性较大工程的专项方案，安装单位应当重新组织专家进行论证。

**3. 制定安装拆卸生产事故应急救援预案**

应急预案：针对可能发生的事故，为迅速、有序地开展应急行动而预先制定的行动方案。

专项应急预案是针对具体的事故类别（如危险化学品泄漏等事故）、危险源和应急保障而制定的计划或方案，是综合应急预案的组成部分。专项应急预案应制定明确的救援程序和具体的应急救援措施。

安装单位应制定完善的专项应急预案，并每年至少组织一次演练。

专项应急预案的内容：

1）事故类型和危害程度分析

在危险源评估的基础上，对其可能发生的事故类型和可能发生的季节及其严重程度进行确定。

2）应急处置基本原则

明确处置安全生产事故应当遵循的基本原则。

3）组织机构及职责

明确应急组织体系，明确指挥机构及职责。

4）预防与预警

明确本单位对危险源监测监控的方式、方法，以及采取的预防措施。明确具体事故预警的条件、方式、方法和信息的发布程序。

5）信息报告程序

6）应急处置

7）应急物资与装备保障

明确应急处置所需的物资与装备数量、管理和维护、正确使用等。

**4. 履行告知义务**

根据《建筑起重机械安全监督管理规定》及相关文件规定，施工现场安装起重机械，安装单位应提前一周办理告知手续。建筑施工起重机械设备安装告知应提交的资料如下：

（1）建筑起重机械安装告知

1）《建筑施工起重机械设备安装告知表》；

2）安装单位编制经安装单位、总承包单位、监理单位审批的建筑施工起重机械安装与拆除方案和相应的事故应急救援预案；

3）安装单位资质证书、安全生产许可证、安装单位信用手册、负责建筑起重机安装专业技术人员资格证书、专职安全生产管理人员考核证书、安装人员特种作业人员操作证；

4）建筑起重机械备案证明、安装单位与使用或租赁单位签订的合同（合同中明确双方的安全生产责任）、安装单位与施工总承包单位签订的安全管理协议；

5）总承包单位负责建筑起重机安装工程施工现场监督的专职安全生产管理人员考核证书。

（2）建筑起重机械拆卸告知

拆卸单位在起重机械拆除前一周必须办理建筑起重机械拆卸告知。办理时应提交以下资料：

1）《建筑施工起重机械设备拆卸告知表》；

2）建筑施工起重机械设备使用登记证；

3）拆卸单位编制经安装单位、总包单位、监理单位审批的建筑施工起重机械拆除方案和相应的事故应急救援预案；

4）拆卸单位资质证书、安全生产许可证、安装单位信用手册、负责建筑起重机安装专业技术人员资格证书、专职安全生产管理人员考核证书、拆装人员特种作业人员操作证；

5）拆卸单位与使用或租赁单位拆卸合同（合同中明确双方的安全生产责任）、拆卸单位与施工总承包单位签订的安全管理协议原件；

6）总承包单位负责建筑起重机械安装工程施工现场监督的安全管理人员考核证书。

### 9.1.4 安装拆卸过程的控制

安装单位履行告知手续并受理后，方可进行安装、拆卸工作。

**1. 安装前的检查**

（1）建筑起重机械的检查

建筑施工起重机械设备安装和拆卸前，拆装单位应对拟安装和拆卸设备的完好性进行检查。检查内容应包括：

1）设备不属于：国家明令淘汰的产品；超过规定使用年限经评估不合格的产品；不符合国家现行相关标准的产品；没有完整安全技术档案的产品；无齐全有效的安全保护装置的产品；

2）设备选型和布置应满足施工要求，便于安装和拆卸，并不得损害周边其他建筑物或构造物；

3）存在多塔吊交叉作业时，需编制专项方案，并采取防碰撞安全措施，同时确保2台以上塔吊的两机间任何接近部位（包括吊重物）距离不小于2m；

4）结构件上无可见裂纹或严重锈蚀；

5）主要受力构件不存在塑性变形；

6）连接件不存在严重磨损和塑性变形；

7）钢丝绳未达到报废标准；

8）安全装置齐全有效；

9）安装、顶升塔吊时，塔吊应加装回转制动机构的不间断备用电源。

（2）现场施工条件的检查

1）应根据专项施工方案，对建筑起重机械的基础进行检查，确认合格。检查内容包括：

① 基础的位置、标高、尺寸；

② 基础的隐蔽工程验收记录和混凝土强度报告等相关资料；

③ 安装辅助设备的基础、地基承载力、预埋件等；

④ 基础的排水措施。

2）设备处于基坑、沟槽或边坡的坡顶或坡中部位时，应针对周边基坑和沟槽，根据地区经验采用圆弧滑动面方法进行设备基础所在边坡的地基稳定性验算，由设备基础设计单位盖注册结构工程师章和设计单位出图章；

3）设备基础需支承在建筑物结构上时，设备基础结构施工图应由该建筑物设计单位复核并盖注册结构工程师章和设计单位出图章；

4）设备接地装置施工应符合设计图纸要求，接地电阻测试值应符合设计或规范要求，有预留接地线（不少于2根）；

5）设备基础如需使用转换支座后才能与设备匹配，转换支座安装前需提供以下资料原件：转换支座的构造详图；明确与该转换支座配套使用的设备类型、出厂日期和出厂编号的转换支座出厂合格证原件；详细的设计计算书（上述资料由设备制造厂家出具，须明确文件编号、由负责人签章并盖公章、提供厂家联系人和联系电话）；

6）设备需使用与厂家说明书中附墙装置不一致的附墙装置时，附墙装置安装前需提供以下资料原件：非标准附墙装置的构造详图（包含附墙杆件总体布置图，附墙杆件结构尺寸表，附墙杆件剖面图，附墙杆件材料材质说明）；建筑物上锚固节点构造详图；明确与该非标准附墙装置配套使用的设备类型、出厂日期和出厂编号的非标准附墙装置出厂合格证原件；详细的设计计算书（上述资料由同类设备制造厂家出具，须明确文件编号、由负责人签章并盖公章、提供厂家联系人和联系电话）。

**2. 安全技术交底**

专项方案实施前，编制人员或项目技术负责人应当向现场管理人员和作业人员进行安全技术交底并签字确认。

（1）常见交底的内容

1）起重机械的安装作业必须由经上级行政主管部门颁发的安装许可资格证的队伍负责，作业人员须经有关行政主管部门培训，取得特种作业证，并持证上岗；

2）进入施工现场必须戴好安全帽，穿工作鞋。高空作业必须正确使用安全带，并遵守现场各项安全文明规定；

3）必须了解并严格按方案、说明书所规定的安装程序进行作业，严禁对产品说明书中规定的安装程序和安装附着方案要求做任何改动；

4）必须了解熟知各连接部件的连接形式与连接尺寸、规定及要求；

5）各部件的安装连接必须严格按说明书的规定，安装齐全，固定可靠，并在安装后进行全面检查；

6）高处作业人员所用的工具必须装袋随身携带。需要他人传递工具时，不得抛掷；

7）严禁作业人员酒后从事施工安装工作；

8）安装完成后必须检查各部件安装无误、牢固，各部位间配合间隙经调整并检查合格方可运行试验；

9）调试后各工作机构工作正常，各安全装置均灵敏有效，制动器灵活有效，安全限速在使用有效期内，坠落试验的制停距离符合要求；

10）加节附着过程，如遇大风、雨雪天气必须停止作业；

11）导轨架顶端自由高度与导轨架附着距离必须符合说明书规定和安装方案要求；

12）导轨架安装时，应用经纬仪对升降机在两个方向进行测量、校准，其垂直度允许偏差符合规范要求；

13）钢丝绳端部用3个以上U形卡紧固，绳卡间距大于$16d$。绳头距最后一绳卡的长度应$\geqslant$40mm，并采用钢丝捆扎。绳卡滑鞍放在钢丝绳工作受力的一侧，U形螺栓扣在钢丝绳的尾端，不得正反交错设置绳卡。钢丝绳受力前固定绳卡，受力后再度紧固；

14）安装调试后，必须按规定全面进行自检，并由起重机械安装质量检验机构检验合格后方可交付使用。

（2）交底的要求

安全技术交底是根据方案中规定的工艺流程和施工方法进行编写，分阶段与技术交底同时进行。交底要有针对性和可操作性，并形成书面材料，交底人与被交底人双方要履行签字手续。

**3. 安装过程的现场监督**

安装过程中，安装单位的专业技术人员、专职安全生产管理人员应当进行现场监督，技术负责人应当定期巡查。监理单位应监督安装单位执行建筑起重机械安装、拆卸工程专项施工方案情况。施工总承包单位应指定专职安全生产管理人员监督检查建筑起重机械安装、拆卸、使用情况。监督检查的内容包括：

1）对人员、设备的安全监督

① 施工现场必须安排安全人员进行现场安全监督；

② 加强对现场安装、起重和指挥人员的资格审查，严禁无证人员参与安装工作；

③ 安装人员进入施工现场要进行安全教育及安装方案的技术交底；

④ 安装人员高空作业必须佩戴安全带，戴好安全帽；

⑤ 设备安装、拆卸前必须对设备主要结构件、零部件和安全装置进行检查；无自检记录及审批不得进行设备安装；

⑥ 对租用的起重机应检查其是否有年检报告，无年检的不得进入施工现场进行吊装。

2）施工现场安装过程的安全监督

① 设备现场应划定安拆装范围并设置安全警戒标志，严禁无关人员进入；

② 吊装用起重机固定位置的承载能力应满足吊装总重量要求，防止地基突然沉陷而导致整机倾覆；

③ 施工现场严禁交叉作业；

④ 注意吊装现场周围的高压线，确保有效安全距离；

⑤ 雨雪、浓雾天气严禁安装作业。安装时，起重机械最大高度处的风速应符合使用说明书的要求，且风速不得超过12m/s。

**4. 安装后的自检、调试与试运转**

建筑起重机械安装完毕后，安装单位应当按照安全技术标准及安装使用说明书的有关要求对建筑起重机械进行自检、调试和试运转。自检合格的，应当出具自检合格证明，并向使用单位进行安全使用说明。

根据各类建筑起重机械的特殊性，《建筑施工塔式起重机安装、使用、拆卸安全技术规程》JGJ 196—2010、《建筑施工升降机安装、使用、拆卸安全技术规程》JGJ 215—2010等标准，详细地规定了该类建筑起重机械安装拆卸过程控制的内容、步骤。具体实施时，应对照执行。

## 9.2 对特种机械的有关资料进行符合性查验

### 9.2.1 安装拆卸工程档案

建筑起重机械安装、拆卸工程档案应当包括以下资料：

1）安装、拆卸合同及安全协议书；
2）安装、拆卸工程专项施工方案；
3）安全施工技术交底的有关资料；
4）安装工程验收资料；
5）安装、拆卸工程生产安全事故应急救援预案。

### 9.2.2 建筑起重机械安装质量的基本要求

**1. 检验检测机构的主体资格**

《建筑起重机械安全监督管理规定》规定：建筑起重机械安装完毕后，使用单位应当组织出租、安装、监理等有关单位进行验收，或者委托具有相应资质的检验检测机构进行验收。根据该规定，各省均制定了本省的实施细则。以江苏省的实施细则为例进行说明。

2011年7月29日，江苏省住房和城乡建设厅发布了《关于加强建筑起重机械检验检测工作的通知》苏建质安［2011］514号。文件中明确规定，建筑起重机械检验检测机构的资质由江苏省质监局按照《特种设备检验检测机构核准规则》规定的条件和程序进行核准。

该通知要求建筑起重机械检验检测机构应当取得江苏省质监局核准的资质，根据有关法律法规、规范标准，在其核准的资质范围内开展检验检测工作，并出具真实、有效的检验检测报告。建筑起重机械使用单位在使用前，应当委托具备资质的检验检测机构进行检测，并在监督检验合格之日起30日内，向工程所在地县级以上人民政府建设行政主管部门办理使用登记。建设行政主管部门在办理建筑起重机械设备使用登记时，对建筑起重机械产权单位或使用单位提交的建筑起重机械检验检测报告合法性和有效性进行核实，不符合要求的不予使用登记。

该通知要求建筑起重机械检验检测机构要积极组织检验检测人员参加省质监局开展的检验员、检验师的培训、考核工作。自2013年1月1日起，建筑起重机械产权单位或使用单位必须提交经江苏省质监局核准的建筑起重机械检验检测机构出具的合格监督检验报告，方可办理建筑起重机械使用登记，不符合要求的不予办理、设备不得投入使用。

**2. 时间要求**

建筑起重机械安装自验合格后，安装单位要向建筑起重机械检验检测机构申请检验。

安装后停用半年以上的起重机械设备在重新启用前，必须经建筑起重机械检测机构进行检测。检测合格后，方可继续使用。

### 9.2.3 建筑起重机械质量检验的内容与方法

《建筑施工升降设备设施检验标准》JGJ 305—2013、《江苏省建筑工程施工机械安装质量检验规程》DGJ32/J 65—2015等规范对建筑起重机械质量检验的内容和方法进行了详细规定。常见建筑起重机械质量检验的内容和方法如下。

**1. 一般规定**

（1）检验现场应具备以下条件：

1）检验时，无雨雪、大雾，且风速不大于8.3m/s（五级）；

2）环境温度应在−15～40℃之间；

3）电网输入电压正常，电压波动偏差在±5%范围内；

4）受检设备应装备设计所规定的全部安全装置及附件；

5）应设置安全警戒区域和警示标识。

（2）检验前，受检单位必须提供产品出厂合格证、特种设备制造（生产）可证、备案证明等证件资料。

（3）检验前，受检单位应提供建筑起重机械使用（安装）说明书、安装方案（含附着方案）、起重机基础地耐力报告、基础隐蔽工程检验单、基础混凝土试压报告、基础检验报告、地脚螺栓合格证、建筑起重机械安装前检查表、安装自检记录、液压油更换记录、安装合同（任务书）等技术资料。

**2. 常用检验仪器及工具**

（1）温湿度计、接地电阻测量仪、绝缘电阻仪、经纬仪、水平仪、拉力计、风速仪、游标卡尺、卷尺、塞尺、钢直尺、万用表。

（2）扭力扳手、常用电工工具。

（3）除非有特殊规定，检验仪器及工具的精度应满足下列要求：

1）对质量、力、长度、时间、电压、电流检验装置应在±1%范围内；

2）对温度检验装置应在±2%范围内；

3）钢直尺直线度为0.01/300。

**3. 常规检验内容**

由于各种类型的建筑起重机械用途不同，其结构、工作系统不同。因此，检验内容、方法不尽相同。常规检验内容有：

（1）塔式起重机检验项目

基础、结构件、吊钩、行走系统、起升系统、回转系统、变幅系统、顶升系统、附着装置、司机室、安全装置、电气系统。

（2）施工升降机检验项目

基础、防护围栏、吊笼、钢结构、层门走台、钢丝绳、滑轮、传动系统、导向轮及背轮、对重及缓冲装置、制动器、安全装置、电气系统。

（3）物料提升机检验项目

基础、钢结构、吊篮、提升机构、钢丝绳、导向及缓冲装置、停层平台、安全装置、附着装置、缆风绳、电气系统、司机室。

（4）附着式升降脚手架检验项目

架体结构、防倾装置、穿墙螺栓、防坠装置、架体安全防护、提升设备、同步控制装置、预警保护系统、中央控制台、电气系统。

（5）高处作业吊篮检验项目

钢结构、悬吊平台、钢丝绳、标牌、悬挂机构、提升装置、钢丝绳、配重、安全装置、电气系统。

**4. 常规检验方法**

查阅资料：从相关资料中获取设备检验项目信息；

目测：外观检查，感观判断；

仪器测量：用各类检验仪器进行测量、测试；

试验：手动试验、模拟动作、运行试验、功能试验。

**5. 判定标准**

检验规程中，对各检验项目列出了应检验的内容。检验内容中加黑部分为保证项目，其余为一般项目。

质量检验和定期检验的判定条件为：保证项目全部合格，一般项目不合格不超过规定项数，可以判定为合格；

对检验中有不合格的，检验机构应当出具《检验整改通知单》，提出整改要求。只有在整改完成并经检测人员确认合格后，或者在使用单位已经采取了相应的安全措施，并在整改情况报告上签署监护使用的意见后，方可出具结论为"合格"，或"复检合格"的《检验报告》。

凡不合格项超过合格判定条件的，均判定为"不合格"。对判定为"不合格"的起重机械，安装或使用单位整改后可申请复检。

《检验报告》只允许使用"合格"、"不合格"、"复检合格"和"复检不合格"等4种检验结论。

判定为"不合格"或"复检不合格"的起重机械，检验机构应将检验结果报当地建筑安全生产监督管理部门，以便及时采取安全监督措施。

### 9.2.4 建筑起重机械质量检验的程序

建筑起重机械安装自验合格后，安装单位要向建筑起重机械检验检测机构申请检验。申请时，应提供以下资料：

（1）《建筑施工起重机械设备安装告知表》；

（2）施工单位与监理单位签发的地耐力强度报告、基础隐蔽工程验收单、基础混凝土强度报告；

（3）安装单位在安装前对建筑施工起重机械零部件检查的检查表、安装单位自验报告；

（4）建筑起重机械安装质量检验单位需要的其他资料。

建筑起重机械检验检测机构审查完资料后，五个工作日内进行检验，检验合格后签发检验合格通知书，检验不合格签发整改通知书，并注明不得使用。检验合格后三个工作日内出具检验报告。检验报告一式三份（一份使用单位办理使用登记时提交给安监站、一份安装单位存档、一份使用单位现场安监资料存档），同时提供建筑起重机械安装质量检验资质证书复印件。

### 9.2.5 建筑起重机械质量检验的报告

《江苏省建筑工程施工机械安装质量检验规程》附录了各类建筑起重机械检验报告书，对报告的格式、内容作出了详细规定。检验检测机构可参照使用。

## 塔式起重机检验报告

表 A

检验编号：________________检验类别：______________

检验日期：______________天气：______温度：______湿度：______风速：______

| 工程名称 | | | |
|---|---|---|---|
| 使用单位 | | 施工地点 | |
| 监理单位 | | 安装单位 | |
| 制造单位 | | 特种设备制造许可证号 | |
| 塔式起重机型号 | | 出厂日期 | |
| 出厂编号 | | 塔式起重机机位编号（安装位置） | |
| 设备备案编号 | | 安装告知日期 | |
| 最大额定起重量 | | 安装幅度 | |
| 最大幅度 | | 最大安装高度 | |
| 检验时安装高度 | | 拟安装附着道数 | |
| 检验时安装附着数 | | | |

| 主要检验仪器设备 | 仪器（工具）名称 | 型号 | 编号 | 仪器状况 | 仪器（工具）名称 | 型号 | 编号 | 仪器状况 |
|---|---|---|---|---|---|---|---|---|
| | | | | | | | | |
| | | | | | | | | |
| | | | | | | | | |
| | | | | | | | | |
| | | | | | | | | |
| | | | | | | | | |
| | | | | | | | | |

| 检验依据 | 《建筑工程施工机械安装质量检验规程》(DGJ32/J65) | | |
|---|---|---|---|

| 检验结果 | 保证项目不合格数 | | 一般项目不合格数 | |
|---|---|---|---|---|
| | 检验方（章）<br>签发日期： | | | |

批准：　　　　　　审核：　　　　　　检验：

续表

<table>
<tr><th>序号</th><th>项目类别</th><th>检验内容及要求</th><th>检验结果</th><th>检验结论</th></tr>
<tr><td>1</td><td rowspan="12">资料复核</td><td>产品出厂合格证、特种设备制造许可证、备案证明、产品使用说明书</td><td></td><td></td></tr>
<tr><td>2</td><td>安装告知手续</td><td></td><td></td></tr>
<tr><td>3</td><td>安装合同及安全协议</td><td></td><td></td></tr>
<tr><td>4</td><td>专项施工方案</td><td></td><td></td></tr>
<tr><td>5</td><td>地基承载力勘察报告</td><td></td><td></td></tr>
<tr><td>6</td><td>基础验收及其隐蔽工程资料</td><td></td><td></td></tr>
<tr><td>7</td><td>基础混凝土强度报告</td><td></td><td></td></tr>
<tr><td>8</td><td>预埋件或地脚螺栓产品合格证</td><td></td><td></td></tr>
<tr><td>9</td><td>预制混凝土拼装基础产品合格证、安装合格证</td><td></td><td></td></tr>
<tr><td>10</td><td>顶升液压油更换记录</td><td></td><td></td></tr>
<tr><td>11</td><td>塔式起重机安装前检查表</td><td></td><td></td></tr>
<tr><td>12</td><td>安装自检记录</td><td></td><td></td></tr>
<tr><td>13</td><td rowspan="9">基本要求</td><td>塔式起重机铭牌应与资料一致</td><td></td><td></td></tr>
<tr><td>* 14</td><td>塔式起重机尾部分与周围建筑物及其外围施工设施之间的安全距离不应小于 0.6m</td><td></td><td></td></tr>
<tr><td>15</td><td>塔式起重机 360°范围内应能无障碍回转。如塔式起重机臂架干涉周围建筑物及其外围施工设施，应采取可靠有效的安全防护措施</td><td></td><td></td></tr>
<tr><td>16</td><td>当多台塔式起重机在同一施工现场交叉作业时，应有专项方案，并有防碰撞的安全措施</td><td></td><td></td></tr>
<tr><td>* 17</td><td>两台塔式起重机之间的最小架设距离，处于低位的塔式起重机的臂架端部与任意一台塔式起重机塔身之间的距离不应小于 2m，处于高位塔式起重机的最低位置的部件与低位塔式起重机处于最高位置的部件之间的垂直距离不应小于 2m</td><td></td><td></td></tr>
<tr><td>18</td><td>塔顶高度大于 30m 且高于周围建筑的塔式起重机，应在塔顶和臂架端部安装红色障碍指示灯，该指示灯电源不得因塔式起重机停电而停电</td><td></td><td></td></tr>
<tr><td>* 19</td><td>塔式起重机独立高度或自由端高度不应大于使用说明书的允许高度</td><td></td><td></td></tr>
<tr><td>* 20</td><td>有架空输电线的场所，塔式起重机的任何部位与架空线路边线的最小安全距离，应符合下表的规定。当不能满足下表的要求时，须有相应安全保护措施
<table>
<tr><td rowspan="2">安全距离（m）</td><td colspan="7">电压 kV</td></tr>
<tr><td><1</td><td>10</td><td>35</td><td>110</td><td>220</td><td>330</td><td>500</td></tr>
<tr><td>沿垂直方向</td><td>1.5</td><td>3.0</td><td>4.0</td><td>5.0</td><td>6.0</td><td>7.0</td><td>8.5</td></tr>
<tr><td>沿水平方向</td><td>1.5</td><td>2</td><td>3.5</td><td>4.0</td><td>6.0</td><td>7.0</td><td>8.5</td></tr>
</table></td><td></td><td></td></tr>
<tr><td>21</td><td>起重公称力矩 3150kN·m 及以上普通塔式起重机应安装安全监控管理系统，且完好有效</td><td></td><td></td></tr>
</table>

续表

| 序号 | 项目类别 | 检验内容及要求 | 检验结果 | 检验结论 |
|---|---|---|---|---|
| *22 | 基本要求 | 起重公称力矩 400kN·m(含 400kN·m)以下出厂超过八年的塔式起重机、起重公称力矩 630kN·m(不含 630kN·m)以下出厂超过十年的塔式起重机、公称力矩 630～1250kN·m(不含 1250kN·m)出厂超过十三年的塔式起重机、公称力矩 1250kN·m 以上出厂超过十八年的塔式起重机,必须进行安全评估和结构应力测试,合格的方可进行安装质量检验。 | | |
| *23 | 基础 | 基础应符合使用说明书的要求,如有变更应有专项设计方案 | | |
| 24 | | 基础应有排水设施,不得积水 | | |
| *25 | 结构件 | 主要结构件应无明显塑性变形、裂纹、严重锈蚀和可见焊接缺陷 | | |
| *26 | | 结构件、连接件的安装应符合使用说明书要求且无缺陷 | | |
| *27 | | 销轴轴向定位应可靠,销轴有可靠轴向止动开口销,开口销两脚劈开角度应为 60～90° | | |
| *28 | | 高强螺栓连接应按说明书要求预紧,应有双螺母防松措施且螺栓高于螺母顶平面 | | |
| *29 | | 平衡重、压重的安装数量、位置与臂长组合及安装应符合使用说明书的要求,平衡重、压重吊点应完好,且相互间应可靠固定,能保证正常工作时不位移、不脱落 | | |
| *30 | | 塔式起重机安装后,在空载、风速不大于 3m/s 状态下,独立状态塔身(或附着状态下最高附着点以上塔身)轴心线的侧向垂直度允差不应大于 4/1000。附着状态下最高附着点以下塔身轴心线的垂直度允差不应大于 2/1000 | | |
| 31 | | 塔式起重机的斜梯、直立梯、护圈和各平台应位置正确,安装应齐全完整,无明显可见缺陷,并应符合使用说明书的要求 | | |
| 32 | | 平台钢板网不得有破损 | | |
| 33 | | 休息平台应设置在不超过 12.5m 的高度处,上部休息平台的间距不应大于 10m | | |
| *34 | 行走系统 | 轨道应通过垫块与轨枕可靠地连接,每间隔 6m 应设一个轨距拉杆。钢轨接头处应有轨枕支撑,不应悬空,在使用过程中轨道不应移动 | | |
| 35 | | 轨距允许误差不应大于公称值的 1/1000,其绝对值不应大于 6mm | | |
| 36 | | 钢轨接头间隙不应大于 4mm,与另一侧钢轨接头的错开距离不应小于 1.5m,接头处两轨顶高度不应大于 2mm | | |
| *37 | | 塔式起重机安装后,轨道顶面纵横方向上的倾斜度,对于上回转塔式起重机不应大于 3/1000;对于下回转塔式起重机不应大于 5/1000。在轨道全程中,轨道顶面任意两点的高度差应小于 100mm | | |
| *38 | | 轨道行程两端的轨顶宜为全轨道的最高点 | | |
| *39 | 起升系统 吊钩 | 不得使用铸造吊钩 | | |
| *40 | | 吊钩防止吊索或吊具非人为脱出的装置应可靠有效 | | |
| *41 | | 心轴固定应完整可靠 | | |

续表

| 序号 | 项目类别 | | 检验内容及要求 | 检验结果 | 检验结论 |
|---|---|---|---|---|---|
| *42 | 起升系统 | 吊钩 | 吊钩严禁补焊，有下列情况之一的应予以报废：<br>——用20倍放大镜观察表面有裂纹；<br>——钓尾和螺纹部分等危险截面及钩筋有永久性变形；<br>——挂绳处截面磨损量超过原高度的10%；<br>——心轴磨损量超过其直径的5%；<br>——开口度比原尺寸增加10% | | |
| *43 | | 钢丝绳 | 钢丝绳绳端固结应符合使用说明书的要求 | | |
| *44 | | | 钢丝绳的规格、型号应符合使用说明书的要求，与滑轮和卷筒相匹配，并应正确穿绕。钢丝绳润滑应良好，与金属结构无摩擦 | | |
| *45 | | | 钢丝绳不得扭结、压扁、弯折、断股、笼状畸变、断芯等变形现象 | | |
| *46 | | | 钢丝绳直径减小量不大于公称直径的7% | | |
| *47 | | | 钢丝绳断丝数不应超过表4.6.2规定的数值 | | |
| 48 | | 卷扬机 | 卷扬机应无渗漏，润滑应良好，各连接紧固件应完整、齐全；当额定荷载试验工况时，应运行平稳、无异常声响 | | |
| *49 | | | 卷筒两侧边缘超过最外层钢丝绳的高度不应小于钢丝绳直径的2倍 | | |
| 50 | | | 卷筒上的钢丝绳排列应整齐有序 | | |
| 51 | | | 卷筒上钢丝绳绳端固结应符合使用说明书的要求，应有防松和自紧性能 | | |
| 52 | | | 当吊钩位于最低位置时，卷筒上钢丝绳应至少保留3圈 | | |
| 53 | | | 卷筒不应有下列情况之一：<br>1)卷筒有裂纹；<br>2)轮缘破损；<br>3)卷筒壁磨损量达原壁厚的10% | | |
| 54 | | 滑轮 | 滑轮转动应不卡滞，润滑应良好 | | |
| 55 | | | 滑轮不应有下列情况之一：<br>1)裂纹或轮缘破损；<br>2)滑轮绳槽壁厚磨损量达原壁厚的20%；<br>3)滑轮槽底的磨损量超过相应钢丝绳直径的25% | | |
| *56 | | 制动器 | 制动器零件不得有下列情况之一：<br>——可见裂纹；<br>——制动块摩擦衬垫磨损量达原壁厚度的50%；<br>——制动轮表面磨损量达2mm；<br>——弹簧出现塑性变形；<br>——电磁铁杠杆系统空行程超过其额定行程的10% | | |
| *57 | | | 制动器制动可靠，动作平稳 | | |
| 58 | | | 外露的运动零部件应设防护罩，防护罩应完好、稳固 | | |
| 59 | 回转系统 | | 回转减速机应固定可靠、外观应整洁、润滑应良好；在非工作状态下臂架应能自由旋转 | | |
| 60 | | | 齿轮啮合应均匀平稳，且无裂纹、无断齿、啃齿和过度磨损 | | |
| *61 | | | 回转机构防护罩应完整，无破损 | | |

续表

| 序号 | 项目类别 | 检验内容及要求 | 检验结果 | 检验结论 |
| --- | --- | --- | --- | --- |
| *62 | 变幅系统 | 钢丝绳的检验应符合本规程附录A表序号43-47检验内容及要求 | | |
| 63 | | 卷扬机的检验应符合本规程附录A表序号48-53检验内容及要求 | | |
| 64 | | 滑轮的检验应符合本规程附录A表序号54-55检验内容及要求 | | |
| *65 | | 制动器的检验应符合本规程附录A表序号56-58检验内容及要求 | | |
| *66 | | 变幅小车结构应无明显变形,车轮间距应无异常 | | |
| *67 | | 对小车变幅的塔式起重机应设置小车检修吊篮,检修吊篮应无明显变形,安装应符合使用说明书的要求且连接可靠 | | |
| 68 | | 车轮有下列情况之一的应予以报废:<br>——可见裂纹;<br>——车轮踏面厚度磨损量达原厚度的15%<br>——车轮轮缘厚度磨损量达原厚度的50% | | |
| *69 | 顶升系统 | 液压系统应有防止过载和液压冲击的安全溢流阀 | | |
| *70 | | 顶升液压缸应有平衡阀或液压锁,平衡阀或液压锁与液压缸之间不得采用软管连接 | | |
| 71 | | 泵站、阀锁、管路及其接头不得有明显渗漏油渍 | | |
| *72 | | 顶升支承梁爬爪、爬升支承座应无变形、裂纹 | | |
| *73 | | 具有防止顶升横梁从塔身支承中自行脱出的功能 | | |
| 74 | | 齿轮齿条爬升应设上下限位器,且啮合良好 | | |
| *75 | 司机室 | 结构应牢固,固定应符合使用说明书的要求 | | |
| 76 | | 应有绝缘地板和符合消防要求的灭火器,门窗应完好,起重特性曲线图(表)、安全操作规程标牌应固定牢固,清晰可见 | | |
| 77 | | 升降司机室应设置防断绳坠落装置,上下极限限位装置及缓冲装置 | | |
| *78 | 附着装置 | 塔式起重机安装的高度超过最大独立高度时,应按照使用说明书的要求安装附着装置 | | |
| 79 | | 在塔式起重机上安装的附着框架、附着杆应有原制造厂的制造证明,特殊情况,需要另行制造时,应有专业制造厂开具的制造证明,且其资质等级不应低于本设备的制造等级 | | |
| 80 | | 应有附着装置安装方案。当附着距离超过使用说明书规定时,应有专项施工方案并附计算书 | | |
| *81 | | 附墙装置附着点处的建筑结构承载力应能满足使用说明书的要求 | | |
| *82 | | 附墙支承座采用预埋形式时,应提供隐蔽工程验收单 | | |
| 83 | | 附着杆与水平面之间的倾斜角不得超过10° | | |
| 84 | | 附着装置各构件不应有变形、裂纹等缺陷 | | |
| 85 | | 附着装置与塔身节和建筑物的安装连接必须符合说明书要求,并安全可靠 | | |
| 86 | | 附着杆与附着框架及附墙支承座之间的连接应采取竖向铰接形式,不得采用焊接连接的方式,连接螺栓或销轴应齐全,不应缺件、松动 | | |
| 87 | | 应有附着装置安装自检记录 | | |

续表

| 序号 | 项目类别 | | 检验内容及要求 | 检验结果 | 检验结论 |
|---|---|---|---|---|---|
| * 88 | 安全装置 | 起升高度限位器 | 动臂变幅的塔式起重机，当吊钩装置顶部升至起重臂下端的最小距离为800mm处时，应能立即停止起升运动。对没有变幅重物平移功能的动臂变幅的塔式起重机，还应同时切断向外变幅控制回路电源，但应有下降和向内变幅运动 | | |
| * 89 | | | 小车变幅的塔式起重机，当吊钩装置顶部至小车架下端的最小距离为800mm处时，应能立即停止起升运动，但应有下降运动 | | |
| * 90 | | 起重力矩限制器 | 当起重力矩大于相应幅度额定值并小于额定值110%时，应停止上升和向外变幅动作 | | |
| 91 | | | 力矩限制器控制定码变幅的触点和控制定幅变码的触点应分别设置，且应能分别调整 | | |
| * 92 | | | 当小车变幅的塔式起重机最大变幅速度超过40m/min，在小车向外运行，且起重力矩达到额定值的80%时，变幅速度应自动转换为不大于40m/min | | |
| * 93 | | 起重量限制器 | 当起重量大于最大额定起重量并小于110%最大额定起重量时，应停止上升方向动作，但应有下降方向动作。具有多挡变速的起升机构，限制器应对各挡位具有防止超载的作用 | | |
| * 94 | | 幅度限位器 | 动臂变幅的塔式起重机应设有幅度限位开关，在臂架到达相应的极限位置前开关应能动作，停止臂架再往极限方向变幅 | | |
| * 95 | | | 小车变幅的塔式起重机应设有小车行程限位开关和终端缓冲装置。限位开关动作后应保证小车停车时其端部距缓冲装置最小距离为200mm | | |
| * 96 | | | 动臂变幅的塔式起重机应设有臂架极限位置的限制装置，该装置应能有效防止臂架向后倾翻 | | |
| 97 | | 其他安全保护装置 | 回转处不设集电器供电的塔式起重机，应设有正反两个方向的回转限位器，限位器动作时臂架旋转角度不应大于±540° | | |
| * 98 | | | 轨道行走式塔式起重机应设行程限位装置及抗风防滑装置。每个运行方向的行程限位装置包括限位开关、缓冲器和终端止挡，行程限位装置应保证限位开关动作后，塔式起重机停车时其端部距缓冲器最小距离应为1000mm，缓冲器距终端止档最小距离应为1000mm，终端止挡距轨道尾端最小距离应为1000mm；非工作状态抗风防滑装置应有效 | | |
| * 99 | | | 小车变幅的塔式起重机应设小车断绳保护装置，且在向前及向后两个方向上均应有效 | | |
| * 100 | | | 对小车变幅的塔式起重机，应设置小车防坠落装置，且应可靠有效 | | |
| * 101 | | | 钢丝绳必须设有防脱装置，该装置与滑轮及卷筒轮缘的间距不得大于钢丝绳直径的20% | | |
| 102 | | | 臂架根部铰点高度大于50m或沿海地区使用的塔式起重机应装设风速仪，当风速大于工作允许风速时，应能发出停止作业的警报信号 | | |

续表

| 序号 | 项目类别 | 检验内容及要求 | 检验结果 | 检验结论 |
| --- | --- | --- | --- | --- |
| 103 | 电气系统 | 供电系统应符合现行行业标准《施工现场临时用电安全技术规范》JGJ 46的规定 | | |
| *104 | | 动力电路和控制电路的对地绝缘电阻不应低于0.5MΩ | | |
| *105 | | 塔式起重机的金属结构、轨道、所有电气设备的金属外壳、金属线管、安全照明的变压器低压侧等均应可靠接地 | | |
| 106 | | 接地装置应明显外露，每一接地装置的接地线应采用2根及以上的导体，在不同点与接地体作良好电线连接 | | |
| *107 | | 接地电阻不应大于4Ω，重复接地装置的接地电阻不应大于10Ω | | |
| 108 | | 塔式起重机应有良好的照明，照明供电与控制系统应相互独立 | | |
| 109 | | 电气柜或配电箱应防雨防尘，且有门锁。门内应有原理图或布线图、操作指示等，门外应有警示标志。应设置隔离开关，熔断器选配正确 | | |
| *110 | | 塔式起重机应设有短路、过流、欠压、过压及失压保护、零位保护、电源错相及断相保护装置 | | |
| *111 | | 塔式起重机应设置有非自动复位的、能切断塔式起重机总控制电源的紧急断电开关，该开关应设在司机操作方便的地方 | | |
| 112 | | 在司机室内明显位置应装有总电源开合状况的指示信号灯和电压表 | | |
| *113 | | 零线和接地线必须分开，接地线严禁作载流回路。塔式起重机结构不得作为工作零线使用 | | |
| 114 | | 轨道行走式塔式起重机的电缆卷筒应具有张紧装置，电缆收放速度与塔式起重机运行速度应同步。电缆在卷筒上的连接应牢固，电缆电气接点不应被拉曳 | | |
| 115 | | 应设报警电铃且完好、有效 | | |
| 116 | 运行和载荷试验 | 应进行空载运行试验。塔机在空载状态下，做起升、回转、变幅、运行各动作试验，检查结果应符合下列规定<br>1　操作系统、控制系统、联锁装置动作应准确、灵活；<br>2　各行程限位器的动作准确、可靠；<br>3　各机构中无相对运动部位应无漏油现象。有相对运动的各机构运动应平稳，应无爬行、振颤、冲击、过热、异常噪声等现象 | | |
| 117 | | 额定载荷试验应符合现行国家标准《塔式起重机》GB/T 5031的规定 | | |

备注：带*为保证项目。

**人货两用施工升降机检验报告** **表 B**

检验编号：____________________检验类别：________________

检验日期：________________天气：______温度：________湿度：______风速：______

| 工程名称 | | | |
|---|---|---|---|
| 使用单位 | | 施工地点 | |
| 监理单位 | | 设备型号 | |
| 安装单位 | | 设备备案编号 | |
| 检验高度 | | 制造单位 | |
| 使用年限 | | 设备编号 | |
| 特种设备制造许可证 | | 出厂日期 | |

| 主要检验仪器设备 | 仪器(工具)名称 | 型号 | 编号 | 仪器状况 | 仪器(工具)名称 | 型号 | 编号 | 仪器状况 |
|---|---|---|---|---|---|---|---|---|
| | | | | | | | | |
| | | | | | | | | |
| | | | | | | | | |
| | | | | | | | | |
| | | | | | | | | |
| | | | | | | | | |
| | | | | | | | | |
| | | | | | | | | |
| | | | | | | | | |

| 检验依据 | 《建筑工程施工机械安装质量检验规程》(DGJ 32/J65) | | | |
|---|---|---|---|---|
| 检验结果 | 保证项目<br>不合格数 | | 一般项目<br>不合格数 | |
| | 检验方(章)<br>签发日期： | | | |

批准： 审核： 检验：

续表

<table>
<tr><th>序号</th><th>项目类别</th><th>检验内容及要求</th><th>检验结果</th><th>检验结论</th></tr>
<tr><td>1</td><td rowspan="10">资料审核</td><td>产品出厂合格证、特种设备制造许可证、备案证明、产品使用说明书</td><td></td><td></td></tr>
<tr><td>2</td><td>安装告知手续</td><td></td><td></td></tr>
<tr><td>3</td><td>安装合同及安全协议</td><td></td><td></td></tr>
<tr><td>4</td><td>防坠安全器标定检测报告</td><td></td><td></td></tr>
<tr><td>5</td><td>专项施工方案</td><td></td><td></td></tr>
<tr><td>6</td><td>地基承载力报告或相应加强措施</td><td></td><td></td></tr>
<tr><td>7</td><td>基础验收及其隐蔽工程资料</td><td></td><td></td></tr>
<tr><td>8</td><td>基础混凝土强度报告</td><td></td><td></td></tr>
<tr><td>9</td><td>安装前检查表</td><td></td><td></td></tr>
<tr><td>10</td><td>安装自检记录</td><td></td><td></td></tr>
<tr><td>*11</td><td rowspan="3">基本要求</td><td>施工升降机任何部分与架空输电线路的最小安全操作距离应符合下表规定<br>最小安全操作距离<table><tr><td>外电线电路电压(kV)</td><td><1</td><td>1～10</td><td>35～110</td><td>220</td><td>330～500</td></tr><tr><td>最小安全操作距离(m)</td><td>4</td><td>6</td><td>8</td><td>10</td><td>15</td></tr></table></td><td></td><td></td></tr>
<tr><td>12</td><td>施工升降机正常作业状态下的噪声限值应符合下表的规定<br>噪声限值　　dB(A)<table><tr><td>测量部位</td><td>单传动</td><td>并联双传动</td><td>并联三传动</td><td>液压调速</td></tr><tr><td>吊笼内</td><td>≤85</td><td>≤86</td><td>≤87</td><td>≤98</td></tr><tr><td>离传动系统1m处</td><td>≤88</td><td>≤90</td><td>≤92</td><td>≤110</td></tr></table></td><td></td><td></td></tr>
<tr><td>*12</td><td>SC型施工升降机出厂超过8年，SS型施工升降机出厂超过5年，必须进行安全评估和结构应力测试，合格的方可进行安装质量检验。</td><td></td><td></td></tr>
<tr><td>*13</td><td rowspan="2">基础</td><td>基础应满足使用说明书要求；若有变更须制定专项施工方案</td><td></td><td></td></tr>
<tr><td>14</td><td>基础及周围应有排水设施，不得积水</td><td></td><td></td></tr>
<tr><td>*15</td><td>架体结构</td><td>安装垂直度<table><tr><td>架设高度 $h$(m)</td><td>垂直度偏差(mm)</td></tr><tr><td>≤70</td><td>≤$h$/1000</td></tr><tr><td>70<$h$≤100</td><td>≤70</td></tr><tr><td>100<$h$≤150</td><td>≤90</td></tr><tr><td>150<$h$≤200</td><td>≤110</td></tr><tr><td>>200</td><td>≤130</td></tr><tr><td>钢丝绳式</td><td>≤1.5h/1000</td></tr></table></td><td></td><td></td></tr>
</table>

续表

| 序号 | 项目类别 | 检验内容及要求 | 检验结果 | 检验结论 |
|---|---|---|---|---|
| *16 | 架体结构 | 主要结构件应无明显塑性变形、裂纹和严重锈蚀，焊缝应无明显可见的焊接缺陷 | | |
| *17 | | 结构件各连接螺栓应齐全、紧固，应有防松措施，螺栓应高出螺母顶平面，销轴连接应有可靠轴向止动装置 | | |
| *18 | | 当导轨架的高度超过使用说明书规定的最大独立高度时，应设有附着装置 | | |
| *19 | | 附墙装置的结构形式以及附墙装置与导轨架、附墙装置与主体建筑结构之间的安装连接方式应符合使用说明书的要求 | | |
| *20 | | 附墙装置附着点处的建筑结构承载力应能满足使用说明书的要求 | | |
| *21 | | 附墙装置的安装高度、垂直间距、附着点沿建筑物边缘方向的水平间距、附墙装置与水平面之间的夹角、导轨架与主体建筑结构间的距离等，均应符合使用说明书的要求 | | |
| *22 | | 当附墙装置的结构形式、安装连接方式、各安装尺寸或参数存在不符合使用说明书相关要求的情况时，应制定专项施工方案 | | |
| *23 | | 附墙装置以上的导轨架自由端高度不得超过使用说明书的要求 | | |
| 24 | 吊笼 | 吊笼门框净高不应小于 2m，净宽不应小于 0.6m，吊笼箱体应完好，无破损 | | |
| *25 | | 吊笼门应装机械锁钩，运行时不应自动打开，应设有电器安全开关；当门未完全关闭时，该开关应能有效切断控制回路电源，使吊笼停止或无法启动 | | |
| 26 | | 当吊笼顶板作为安装、拆卸、维修的平台或设有天窗时，顶板应抗滑，且周围应设护栏。该护栏的上扶手高度不应小于 1.1m，中间高度应设置横杆，挡脚板高度不应小于 100mm，护栏与顶板边缘的距离不应大于 100mm，并应符合使用说明书的要求 | | |
| 27 | | 吊笼顶部应有紧急出口，并应配有专用扶梯，出口门应装向外开启的活板门，并应设有电气安全连锁开关，并应灵敏、有效 | | |
| 28 | | 吊笼内应有产品铭牌、安全操作规程，操作开关及其他危险处应有醒目的安全警示标志 | | |
| 29 | | 导轮连接及润滑应良好，无明显侧倾偏摆 | | |
| *30 | | 背轮安装应牢靠，并应贴紧齿条背面，润滑应良好，无明显侧倾偏摆 | | |
| *31 | | 安全挡块应可靠有效 | | |
| 32 | 防护围栏 | 施工升降机应设置高度不低于 1.8m 的地面防护围栏，并不得缺损，并应符合使用说明书的要求 | | |
| *33 | | 围栏门的开启高度不应小于 1.8m，并应符合使用说明书的要求。围栏门应装有机械锁紧和电气安全开关；当吊笼位于底部规定位置时，围栏门方能开启，且应在该门开启后吊笼不能启动 | | |
| 34 | 层门、楼层平台 | 各停层处应设置层门，层门不应突出到吊笼的升降通道上 | | |

续表

| 序号 | 项目类别 | 检验内容及要求 | 检验结果 | 检验结论 |
|---|---|---|---|---|
| 35 | 层门、楼层平台 | 层门开启后的净高度不应小于 2.0m。特殊情况下，当进入建筑物的入口高度小于 2.0m 时，可降低层门框架高度，但净高度不应小于 1.8m | | |
| 36 | | 楼层层门的开关过程可由吊笼内乘员操作，楼层内人员应无法开启 | | |
| * 37 | | 楼层平台搭设应牢固可靠，不应与施工升降机钢结构相连接 | | |
| 38 | | 楼层平台侧面防护装置与吊笼或层门之间任何开口的间距不应大于 150mm | | |
| 39 | | 吊笼门框外缘与登机平台边缘之间的水平距离不应大于 50mm | | |
| 40 | | 各楼层应设置楼层层号牌，且便于司机观察 | | |
| 41 | 传动系统（提升机构） | 传动系统与吊笼应可靠连接，传动系统旋转的零部件应有防护罩等安全防护设施 | | |
| * 42 | | 对齿轮齿条式施工升降机，其传动齿轮、防坠安全器的齿轮与齿条啮合时，接触长度沿齿高不得小于 40%，沿齿宽不得小于 50% | | |
| * 43 | | 对齿轮齿条式施工升降机，除安装工况外，导轨架顶部的一节齿条应拆除 | | |
| * 44 | | 钢丝绳的规格、型号应符合使用说明书的要求，并应正确穿绕。钢丝绳应润滑良好，与金属结构无摩擦 | | |
| * 45 | | 钢丝绳绳端固定应牢固、可靠，并应符合使用说明书的要求 | | |
| * 46 | | 钢丝绳应符合现行国家标准《起重机　钢丝绳　保养、维护、安装、检验和报废》GB/T 5972 的规定 | | |
| * 47 | | 滑轮应有防钢丝绳脱出装置，该装置与滑轮外缘的间隙不应大于钢丝绳直径的 20%，且应可靠有效 | | |
| * 48 | | 滑轮、曳引轮转动应良好，无裂纹、破损；滑轮轮槽壁厚磨损不应超过原壁厚的 20%，轮槽底部直径减少量不应超过钢丝绳直径的 25%，槽底应无沟槽 | | |
| 49 | | 制动器应符合使用说明书的要求 | | |
| * 50 | | 传动系统应采用常闭式制动器，制动器动作应灵敏，工作应可靠 | | |
| 51 | | 齿轮齿条式多驱动系统的每个制动器应可手动释放，且应由恒力作用来维持释放状态 | | |
| 52 | 对重、缓冲装置 | 对重应根据有关规定的要求涂成警告色 | | |
| 53 | | 对重导向装置应正确可靠，对重轨道应平直，接缝应平整，错位阶差不应大于 0.5mm | | |
| * 54 | | 对重用钢丝绳的检验应符合本规程附录 B 表序号 44-46 检验内容及要求 | | |
| 55 | | 吊笼和对重运行通道的最下方应装有缓冲器 | | |
| 56 | 安全装置 | 应设置渐进式防坠安全器，且在有效标定期内；防坠安全器动作时，设在安全器上的安全开关应将电动机和制动器电路断开 | | |
| * 57 | | 严禁使用超过有效标定期限的防坠安全器 | | |

续表

| 序号 | 项目类别 | 检验内容及要求 | 检验结果 | 检验结论 |
|---|---|---|---|---|
| *58 | 安全装置 | 有对重的施工升降机，当对重质量大于吊笼质量时，应有双向防坠安全器或对重防坠安全装置 | | |
| *59 | | 齿轮齿条式施工升降机吊笼上沿导轨设置的安全钩不应少于2对，安全钩应能防止吊笼脱离导轨架或防坠安全器输出端齿轮脱离齿条，且上部的安全钩位置应在防坠小齿轮之下 | | |
| *60 | | 施工升降机应设置自动复位的上下限位开关 | | |
| *61 | | 施工升降机应设置极限开关。当限位开关失效时，极限开关应切断总电源，使吊笼停止。当极限开关为非自动复位型时，其动作后，手动复位方能使吊笼重新启动 | | |
| 62 | | 上限位开关的安装位置：当额定提升速度小于0.8m/s时，触板触发该开关后，上部安全距离不应小于1.8m，当额定提升速度大于或等于0.8m/s时，触板触发该开关后，上部安全距离应满足下式的要求：$L=1.8+0.1v^2$ | | |
| 63 | | 下限位开关的安装位置：吊笼在额定荷载下降时，触板触发下限开关使吊笼制停，此时触板离触发下极限开关还应有一定的行程 | | |
| 64 | | 上限位与上极限开关之间的越程距离：齿轮齿条式施工升降机不应小于0.15m，钢丝绳式施工升降机不应小于0.5m | | |
| 65 | | 下极限开关在正常工作状态下，吊笼碰到缓冲器之前，触板应首先触发下极限开关 | | |
| *66 | | 极限开关不应与限位开关共用一个触发元件 | | |
| *67 | | 提升钢丝绳或对重钢丝绳应装有防松绳装置 | | |
| 68 | | 应设置超载保护装置，且应灵敏有效 | | |
| 69 | | 地面进料口防护棚应符合现行行业标准《建筑施工高处作业安全技术规范》JGJ 80的规定 | | |
| 70 | 电气系统 | 供电系统应符合现行行业标准《施工现场临时用电安全技术规范》JGJ 46的规定 | | |
| 71 | | 当吊笼顶用作安装、拆卸、维修的平台时，应设有检修或拆装时的顶部控制装置，控制装置应安装非自行复位的急停开关，任何时候均可切断电路停止吊笼运行 | | |
| 72 | | 操作控制台的操作位置上应标明控制元件的用途和动作方向，并有良好的照明设施 | | |
| 73 | | 当施工升降机安装高度大于120m，并超过建筑物高度时，应安装红色障碍灯，障碍灯电源不得因施工升降机停机而停电 | | |
| *74 | | 施工升降机的控制、照明、信号回路的对地绝缘电阻应大于0.5MΩ，动力电路的对地绝缘电阻应大于1MΩ | | |
| 75 | | 设备控制柜应设有相序和断相保护器及过载保护器 | | |
| *76 | | 操作控制台应安装非自行复位的急停开关 | | |
| 77 | | 施工升降机工作中应有防止电缆和电线机械损伤的防护措施 | | |
| 78 | | 电气设备应有防止外界干扰的防护措施 | | |

备注：带*为保证项目。

**货用施工升降机检验报告** 表C

检验编号：________ 检验类别：________

检验日期：________ 天气：____ 温度：____ 湿度：____ 风速：____

| 工程名称 | | | |
|---|---|---|---|
| 使用单位 | | 施工地点 | |
| 监理单位 | | 设备型号 | |
| 安装单位 | | 设备备案编号 | |
| 检验高度 | | 制造单位 | |
| 使用年限 | | 设备编号 | |
| 特种设备制造许可证 | | 出厂日期 | |

| 主要检验仪器设备 | 仪器(工具)名称 | 型号 | 编号 | 仪器状况 | 仪器(工具)名称 | 型号 | 编号 | 仪器状况 |
|---|---|---|---|---|---|---|---|---|
| | | | | | | | | |
| | | | | | | | | |
| | | | | | | | | |
| | | | | | | | | |
| | | | | | | | | |
| | | | | | | | | |
| | | | | | | | | |
| | | | | | | | | |
| | | | | | | | | |

| 检验依据 | 《建筑工程施工机械安装质量检验规程》(DGJ32/J65) | | |
|---|---|---|---|
| 检验结果 | 保证项目不合格数 | | 一般项目不合格数 | |
| | 检验方(章)<br>签发日期： | | |

批准： 审核： 检验：

续表

| 序号 | 项目类别 | 检验内容及要求 | 检验结果 | 检验结论 |
|---|---|---|---|---|
| 1 | 资料审核 | 产品出厂合格证、特种设备制造许可证、备案证明、产品使用说明书 | | |
| 2 | | 安装告知手续 | | |
| 3 | | 安装合同及安全协议 | | |
| 4 | | 专项施工方案 | | |
| 5 | | 基础验收及其隐蔽工程资料 | | |
| 6 | | 安装前检查表 | | |
| 7 | | 安装自检记录 | | |
| 8 | | 防坠安全器说明书 | | |
| 9 | 基础 | 基础尺寸、外形、混凝土强度等级及地基承载力等，应符合使用说明书的要求 | | |
| 10 | | 基础及周围应有排水设施，不得积水 | | |
| *11 | 架体及吊笼结构 | 主要结构件应无明显变形、严重锈蚀及破损，焊缝应无明显可见裂纹 | | |
| *12 | | 结构件安装应符合说明书的要求；结构件各连接件应齐全，螺栓应紧固，有防松措施，螺栓应高出螺母顶平面，销轴连接应有可靠轴向止动装置 | | |
| *13 | | 架体垂直度偏差不应大于架体高度的1.5/1000 | | |
| *14 | | 井架式货用施工升降机（物料提升机）的架体在各楼层通道的开口处，应有加强措施 | | |
| *15 | | 架体底部应设高度不应小于1.8m的防护围栏以及围栏门，且应完好无损 | | |
| 16 | | 吊笼内净高度不应小于2m | | |
| *17 | | 吊笼应设置进出料门，吊笼两侧立面及吊笼门应采用网板结构全高度封闭，吊笼门的开启高度不应低于1.8m | | |
| 18 | | 吊笼应有可靠防护顶板 | | |
| *19 | | 吊笼底板应固定牢靠，且应有防滑、排水功能 | | |
| 20 | | 产品标牌应固定牢固，易于观察，并应在显著位置设置安全警示标识 | | |
| *21 | 传动系统（提升机构） | 固定卷扬机应有专用的锚固设施，且应牢固可靠 | | |
| 22 | | 卷扬钢丝绳不得拖地和被水浸泡，穿越道路时应采取防护措施 | | |
| *23 | | 卷扬机应设置防止钢丝绳脱出卷筒的保护装置，该装置与卷筒侧板最外缘的间隙不应超过钢丝绳直径的20%，并应有足够的强度 | | |
| 24 | | 钢丝绳在卷筒上应整齐排列，端部应与卷筒压紧装置连接牢固。当吊笼处于最低位置时，卷筒上的钢丝绳不应少于3圈 | | |
| *25 | | 卷筒两端的凸缘至最外层钢丝绳的距离不应小于钢丝绳直径的2倍 | | |
| *26 | | 滑轮应设置防钢丝绳脱出装置，该装置与滑轮间隙不得超过钢丝绳直径的20% | | |

续表

| 序号 | 项目类别 | 检验内容及要求 | 检验结果 | 检验结论 |
| --- | --- | --- | --- | --- |
| 27 | 传动系统（提升机构） | 导向滑轮和卷筒中间位置的连线应与卷筒轴线垂直，其距离不应小于卷筒长度的20倍 | | |
| 28 | | 滑轮组与架体（或吊笼）应采用刚性连接，严禁使用开口板式滑轮 | | |
| *29 | | 当曳引钢丝绳为2根及以上时，应设置张力自动平衡装置 | | |
| *30 | | 齿轮齿条啮合良好，接触长度沿齿高不得小于40%，沿齿宽不得小于50% | | |
| *31 | | 制动器应动作灵敏，工作应可靠，并应有防护罩 | | |
| *32 | 钢丝绳 | 钢丝绳绳端固结应牢固、可靠。当采用金属压制接头固定时，接头不应有裂纹；当采用楔块固结时，楔套不应有裂纹，楔块不应松动；当采用绳夹固结时，绳夹安装应正确，绳夹数应满足现行国家标准《起重机械安全规程　第一部分：总则》GB 6067.1的要求 | | |
| *33 | | 钢丝绳的规格、型号应符合设计要求，与滑轮和卷筒相匹配，并应正确穿绕。钢丝绳应润滑良好，不得与金属结构摩擦 | | |
| *34 | | 钢丝绳达到现行国家标准《起重机钢丝绳　保养、维护、安装、检验和报废》GB/T 5972的规定报废条件时，应予报废 | | |
| *35 | 导向和缓冲装置 | 吊笼滚动导靴应可靠有效 | | |
| 36 | | 吊笼滚轮与导轨之间的最大间隙不应大于10mm | | |
| 37 | | 吊笼导轨结合面错位阶差不应大于1.5mm，对重导轨、防坠器导轨结合面错位阶差不应大于0.5mm | | |
| 38 | | 吊笼和对重底部应设置缓冲器 | | |
| *39 | 停层平台 | 各停层平台搭设应牢固、安全可靠，两边应设置不小于1.5m高的防护栏杆；平台不得搁置在设备的任何部位上 | | |
| *40 | | 各停层平台应设置常闭平台门，其高度不应小于1.8m，且应向建筑物内开启 | | |
| 41 | | 平台边缘和吊笼结构之间的间隙不应大于60mm | | |
| *42 | 安全装置 | 采用钢丝绳方式提升的吊笼，应设置安全停靠装置，装置应为刚性机构，且必须能承担吊笼、物料及登笼作业人员等的全部荷载 | | |
| *43 | | 应设置起重量限制器；当荷载达到额定起重量的90%时，应发出警示信号。当荷载达到额定起重量并小于额定起重量的110%时，起重量限制器应能停止起升动作 | | |
| *44 | | 吊笼应设置防坠安全器；当提升钢丝绳断绳或传动装置失效时，防坠安全器应能制停带有额定起重量的吊笼，且不应造成结构损坏 | | |
| 45 | | 自升平台及导轨架安装高度超过30m的吊笼应设置有渐进式防坠安全器 | | |
| *46 | | 应设置上限位开关；当吊笼上升至限定位置时，应触发限位开关，吊笼自动停止运动，钢丝绳驱动的上部越程距离不应小于3m，齿轮齿条驱动的上部越程距离不应小于1.8m | | |

续表

| 序号 | 项目类别 | 检验内容及要求 | 检验结果 | 检验结论 |
| --- | --- | --- | --- | --- |
| *47 | 安全装置 | 应设置下限位开关；当吊笼下降至限定位置时，应能触发限位开关，吊笼自动停止运动 | | |
| 48 | | 应装有电气连锁开关，吊笼应在围栏门关闭后方可启动 | | |
| *49 | | 当司机对吊笼升降运行、吊笼内部、停层平台观察视线不清时，应设置通信装置，通信装置应同时具有语音和影像显示功能 | | |
| 50 | | 应在围栏门上的显著位置设置严禁载人、限载等安全警示标识 | | |
| 51 | | 在设备的地面上料口上方应设置进料口防护棚，其长度不应小于3m，宽度不应小于设备迎面总宽度；防护棚顶部强度应符合现行行业标准《龙门架及井架物料提升机安全技术规范》JGJ 88 的规定 | | |
| *52 | 附着装置 | 附着装置的设置应符合说明书的要求 | | |
| *53 | | 附着架与架体及建筑结构应采用刚性连接，不得与脚手架连接 | | |
| 54 | | 最上一道附着架以上架体的自由端高度不得大于说明书的规定 | | |
| 55 | 缆风绳 | 当设置缆风绳时，其地锚设置应符合现行行业标准《龙门架及井架物料提升机安全技术规范》JGJ 88 的规定 | | |
| 56 | | 缆风绳应设有预紧装置，张紧度应适宜 | | |
| 57 | | 缆风绳与地面夹角宜为45°～60°，其下端应与地锚牢靠连接 | | |
| *58 | | 当架体高度30m及以上时，不应使用缆风绳 | | |
| 59 | 操作室 | 搭设应牢靠，能防雨雪，且应视线良好 | | |
| 60 | | 应设有安全操作规程及操作警示标志 | | |
| 61 | | 操作台的操作按钮应有指示功能和动作方向的标识，并有良好的照明设施 | | |
| *62 | 电气系统 | 供电系统应符合现行行业标准《施工现场临时用电安全技术规范》JGJ 46 的规定 | | |
| *63 | | 应设置专用配电箱，有短路、漏电保护，参数匹配正确 | | |
| 64 | | 电气设备的绝缘电阻值不应小于0.5MΩ，电气线路的绝缘电阻值不应小于1MΩ | | |
| 65 | | 提升机的金属结构及所有电气设备系统的金属外壳接地应良好，其重复接地电阻不应大于10Ω | | |
| *66 | | 应设置非自动复位型紧急断电开关，且开关应设在便于司机操作的位置 | | |
| *67 | | 卷扬机的控制开关不得使用倒顺开关 | | |
| 68 | | 照明开关与提升机构主电源开关应相互独立，当提升机构主电源切断时，照明不应断电 | | |

备注：带*为保证项目。

**附着式升降脚手架检验报告** 表 D

检验编号：____________检验类别：____________

检验日期：____________天气：______温度：______湿度：______风速：______

| 工程名称 | | | |
|---|---|---|---|
| 使用单位 | | 施工地点 | |
| 监理单位 | | 设备型号 | |
| 安装单位 | | 设备备案编号 | |
| 检验高度 | | 制造单位 | |
| 设备编号 | | 出厂日期 | |

| 主要检验仪器设备 | 仪器(工具)名称 | 型号 | 编号 | 仪器状况 | 仪器(工具)名称 | 型号 | 编号 | 仪器状况 |
|---|---|---|---|---|---|---|---|---|
| | | | | | | | | |
| | | | | | | | | |
| | | | | | | | | |
| | | | | | | | | |
| | | | | | | | | |
| | | | | | | | | |
| | | | | | | | | |
| | | | | | | | | |
| | | | | | | | | |

| 检验依据 | 《建筑工程施工机械安装质量检验规程》(DGJ32/J65) | | |
|---|---|---|---|
| 检验结果 | 保证项目<br>不合格数 | | 一般项目<br>不合格数 | |

检验结果：

检验方(章)

签发日期：

批准： 审核： 检验：

续表

| 序号 | 项目类别 | 检验内容及要求 | 检验结果 | 检验结论 |
| --- | --- | --- | --- | --- |
| 1 | 资料审核 | 专业分包合同及安全协议 | | |
| 2 | | 专项施工方案 | | |
| 3 | | 产品合格证、使用说明书 | | |
| 4 | | 提升设备的合格证书 | | |
| 5 | | 防坠装置安装前检验记录 | | |
| 6 | | 载荷限制器调定记录 | | |
| 7 | | 安装、调试自检记录 | | |
| 8 | | 提升(下降)前、后自检记录 | | |
| *9 | 架体结构 | 所有主要承力构件应无明显塑性变形、裂纹、严重锈蚀等缺陷 | | |
| *10 | | 架体总高度应与施工方案相符,且不应大于所附着建筑物的5倍楼层高 | | |
| 11 | | 架体宽度不应大于1.2m | | |
| *12 | | 架体支承跨度应符合设计要求,直线布置的架体支承跨度不应大于7m,折线或曲线布置的架体支承跨度不应大于5.4m | | |
| *13 | | 架体的水平悬挑长度不应大于1/2水平支承跨度,并不应大于2m,单跨式附着升降脚手架架体的水平悬挑长度不应大于1/4的支承跨度 | | |
| *14 | | 架体全高与支承跨度的乘积不应大于110$m^2$ | | |
| *15 | | 相邻提升机位间的高差不得大于30mm,整体架最大升降差不得大于80mm | | |
| *16 | | 附着式升降脚手架应在附着支承结构部位设置与架体高度相等的竖向主框架,竖向主框架应为桁架或刚架结构,其杆件连接的节点应采用焊接或螺栓连接,并应与水平支撑桁架和架体构架构成空间几何不可变体系的稳定结构 | | |
| *17 | | 竖向主框架的强度和刚度应满足设计要求 | | |
| *18 | | 竖向主框架内侧应设置导轨,主框架与导轨应采用刚性(非摩擦式)连接 | | |
| 19 | | 竖向主框架的垂直偏差不应大于5/1000,且不应大于60mm | | |
| 20 | | 水平支承桁架杆件的轴线应相交于节点上,各节点应采用焊接或螺栓连接,且应为定型桁架结构。在相邻两榀竖向主框架中间应连续设置 | | |
| 21 | | 架体构架相邻立杆连接接头不应在同一水平面上,且不得搭接;对底部采用套接或插接的可除外 | | |
| 22 | | 架体外立面应沿全高设置剪刀撑,剪刀撑的斜杆水平夹角应为45°~60°,并应将竖向主框架、水平支承桁架和架体构架连成一体 | | |

续表

| 序号 | 项目类别 | 检验内容及要求 | 检验结果 | 检验结论 |
|---|---|---|---|---|
| *23 | 架体构架 | 架体应在下列部位采取可靠的加强构造措施：<br>1)架体与附墙支座的连接处；<br>2)架体上提升机构的设置处；<br>3)架体上防坠、防倾装置的设置处；<br>4)架体吊拉点设置处；<br>5)架体平面的转角处；<br>6)当遇到塔吊、施工升降机、物料平台等设施，需断开处 | | |
| 24 | | 各扣件、连接螺栓应齐全、紧固，扣件螺栓拧紧力矩应为40N·m～65N·m。采用扣件式脚手架搭设的架体，其步距应符合现行行业标准《建筑施工扣件式钢管脚手架安全技术规范》JGJ 130的要求；<br>各连接盘、扣接头、插销应齐全、紧固，插销连接应保证锤击自锁后不拨脱，抗拔力不得小于3kN。采用盘扣式脚手架搭设的架体，其步距应符合现行行业标准《建筑施工承插型盘扣件钢管支架安全技术规程》JGJ 231的要求 | | |
| 25 | | 架体悬挑端应以竖向主框架为中心成对设置对称斜拉杆，其水平夹角不应小于45° | | |
| *26 | | 在升降和使用工况下，架体悬臂高度均不应大于架体高度的2/5，并不应大于6m | | |
| *27 | | 物料平台不得与附着式升降脚手架各部位和各结构构件相连或干涉，其荷载应直接传递给建筑工程结构 | | |
| 28 | 竖向主框架 | 竖向主框架所覆盖的高度内每一个楼层均应设置一处附墙支座 | | |
| *29 | | 附墙支座锚固处的混凝土强度应达到专项方案设计值，且应大于C10 | | |
| 30 | | 附墙支座锚固螺栓孔应垂直于工程结构外表面 | | |
| 31 | | 附墙支座锚固螺栓应采取防松措施，螺栓应高出螺母顶平面，销轴连接应有可靠轴向止动装置 | | |
| 32 | | 附墙支座锚固螺栓垫板规格不应小于100mm×100mm×10mm | | |
| 33 | | 附墙支座锚固处应采用两根或以上的附着锚固螺栓 | | |
| *34 | 防倾装置 | 每一个附墙支座上应配置防倾装置 | | |
| *35 | | 防倾装置应采用螺栓或焊接与附着支承结构及架体连接，不得采用扣件方式连接 | | |
| *36 | | 在升降工况下，最上和最下两个导向件之间的最小间距不应小于架体高度的1/4或2.8m | | |
| 37 | | 架体升降到位后，每一附墙支座与竖向主框架应有固定装置或采取固定措施 | | |
| C*38 | 防坠装置 | 防坠装置在使用和升降工况下均应设置在竖向主框架部位，并应附着在建筑物上，每一个升降机位不应少于一处 | | |
| 39 | | 应采用机械式防坠装置的全自动装置，不得使用每次升降都需重新组装的手动装置 | | |
| *40 | | 防坠装置与提升设备严禁设置在同一个附着支承结构上 | | |

续表

| 序号 | 项目类别 | 检验内容及要求 | 检验结果 | 检验结论 |
| --- | --- | --- | --- | --- |
| 41 | 架体安全防护 | 架体安全防护应符合现行行业标准《建筑施工扣件式钢管脚手架安全技术规范》JGJ 130 的规定 | | |
| 42 | | 架体外侧用密目式安全网等应全封闭 | | |
| * 43 | | 架体底层的脚手板应铺设严密，在脚手板的下部应采用安全网兜底，与建筑物外墙之间应采用硬质翻板封闭 | | |
| * 44 | | 作业层外侧应设置 1.2m 高的防护栏杆和 180mm 高的挡脚板 | | |
| 45 | | 当整体式附着升降脚手架中间断开时，其断开处必须封闭，并应加设防护栏杆 | | |
| * 46 | | 使用工况下架体与工程结构表面之间应采取可靠的防止人员和物料坠落的防护措施 | | |
| * 47 | | 附着式脚手架架体上应有防火措施 | | |
| * 48 | 同步控制装置 | 当附着式升降脚手架升降时，应配备有限制荷载自控系统或水平高差的同步控制系统 | | |
| 49 | | 限制荷载自控系统应具有超载 15%时的声光报警和显示报警机位，超载 30%时，应具有自动停机的功能 | | |
| 50 | | 水平高差同步控制系统应具有当水平支承桁架两端高差达到 30mm 时能自动停机功能 | | |
| * 51 | 中央控制装置 | 应具备点控群控功能 | | |
| 52 | | 应具有显示各机位即时荷载值或位移(差)值及状态的功能 | | |
| 53 | | 升降的控制装置，应放置在楼面上，不应设在架体上 | | |
| * 54 | 提升设备 | 提升设备应与建筑结构及架体有可靠连接 | | |
| 55 | | 提升设备型号须一致 | | |
| * 56 | | 吊钩不应有裂纹、破口、凹陷、孔穴等缺陷。吊钩不得补焊，不得有永久变形，挂绳处磨损量不得大于原高度的 10% | | |
| 57 | | 液压提升装置应设置安全溢流阀，管路应无渗漏 | | |
| 58 | | 钢丝绳应符合现行国家标准《起重机　钢丝绳　保养、维护、安装、检验和报废》GB/T 5972 的规定 | | |
| 59 | 电气系统 | 供电系统应符合现行行业标准《施工现场临时用电安全技术规范》JGJ 46 的规定 | | |
| 60 | | 应设置专用开关箱，且具有防水性能 | | |
| 61 | | 绝缘电阻不应小于 0.5MΩ | | |
| 62 | | 电缆线应满足防拽及防磨要求。 | | |
| 63 | | 架体系统应有可靠的防雷接地 | | |

备注：带 * 为保证项目。

**高处作业吊篮检验报告** **表 E**

检验编号：______________ 检验类别：______________

检验日期：______________ 天气：______ 温度：______ 湿度：______ 风速：______

| 工程名称 | | | |
|---|---|---|---|
| 使用单位 | | 施工地点 | |
| 监理单位 | | 设备型号 | |
| 安装单位 | | 设备备案编号 | |
| 检验高度 | | 制造单位 | |
| 设备编号 | | 出厂日期 | |
| 安全锁编号 | | 安全锁标定日期 | |

| 主要检验仪器设备 | 仪器(工具)名称 | 型号 | 编号 | 仪器状况 | 仪器(工具)名称 | 型号 | 编号 | 仪器状况 |
|---|---|---|---|---|---|---|---|---|
| | | | | | | | | |
| | | | | | | | | |
| | | | | | | | | |
| | | | | | | | | |
| | | | | | | | | |
| | | | | | | | | |
| | | | | | | | | |
| | | | | | | | | |
| | | | | | | | | |

| 检验依据 | 《建筑工程施工机械安装质量检验规程》(DGJ32/J65) | | | |
|---|---|---|---|---|
| 检验结果 | 保证项目不合格数 | | 一般项目不合格数 | |

检验结果：

检验方(章)

签发日期：

批准： 审核： 检验：

续表

| 序号 | 项目类别 | 检验内容及要求 | 检验结果 | 检验结论 |
| --- | --- | --- | --- | --- |
| 1 | 资料审核 | 产品出厂合格证 | | |
| 2 | | 安全锁标定证书 | | |
| 3 | | 产品使用说明书 | | |
| 4 | | 安装合同和安全协议 | | |
| 5 | | 专项施工方案及作业平面布置图 | | |
| 6 | | 安装自检验收表 | | |
| *7 | 产品标牌及警示标志 | 产品标牌、安全锁标定标识应固定可靠，易于观察，且与资料一致 | | |
| 8 | | 应有重量限载的警示标志 | | |
| *9 | 结构件 | 悬挂机构、悬吊平台的钢结构及焊缝应无明显变形、裂纹和严重锈蚀 | | |
| *10 | | 结构件的各连接螺栓应齐全、紧固，并应有防松措施；所有连接销轴使用应正确，均应有可靠轴向止动装置 | | |
| 11 | 悬吊平台 | 悬吊平台拼接总长度应符合使用说明书的要求 | | |
| *12 | | 底板应牢固，无破损，并应有防滑措施 | | |
| 13 | | 护栏靠工作面一侧高度不应小于800mm，其余部位高度不应小于1100mm | | |
| 14 | | 四周底部挡板应完整、无间断，高度不应小于150mm，与底板间隙不应大于5mm | | |
| 15 | | 悬吊平台与建筑物墙面间应设有导轮或缓冲装置 | | |
| 16 | | 悬吊平台的全部运行通道应无障碍物 | | |
| *17 | 悬挂机构 | 悬挂机构前梁长度和中梁长度配比、额定载重量、配重重量及使用高度应符合产品说明书的规定 | | |
| *18 | | 建筑结构的承载能力应能够满足悬挂机构施加于建筑物或构筑物上荷载的要求 | | |
| 19 | | 悬挂机构横梁应水平，其水平度误差不应大于横梁长度的4%，严禁前低后高 | | |
| *20 | | 前支架不应支撑在女儿墙外或建筑物挑檐边缘等部位 | | |
| 21 | | 悬挂机构吊点水平间距与悬吊平台的吊点间距应相等，其误差不应大于50mm | | |
| *22 | | 不使用前支架时，悬挂机构的前梁不得支撑在承载能力满足不了要求的建筑结构上。如悬挂机构的前梁支撑在承重能力满足要求的建筑结构上，则前梁上的搁置支撑中心点应和前支架的支撑点相重合，工作时各向均不得自由滑移，并应有专项施工方案 | | |

续表

| 序号 | 项目类别 | 检验内容及要求 | 检验结果 | 检验结论 |
| --- | --- | --- | --- | --- |
| 23 | 提升装置 | 提升机的额定提升力，应能满足提升相应悬吊平台及其上全部载荷的要求 | | |
| 24 | | 悬吊平台带载工况下，提升机上下工作应运行平稳 | | |
| *25 | | 制动器应灵敏可靠，手动释放装置应有效 | | |
| *26 | | 提升机与悬吊平台连接牢靠 | | |
| *27 | 钢丝绳 | 工作(提升)钢丝绳及安全钢丝绳的型号和规格应符合使用说明书的要求，直径不小于6mm | | |
| 28 | | 在正常运行时，安全钢丝绳应处于悬垂张紧状态 | | |
| *30 | | 安全钢丝绳、工作钢丝绳应分别独立悬挂，并不得松散、打结，且应符合现行国家标准《起重机钢丝绳保养、维护、安装、检验和报废》GB/T 5972 的规定 | | |
| 31 | | 安全钢丝绳的下端必须安装重砣，重砣底部至地面高度宜为100mm～200mm，且应处于自由状态 | | |
| 32 | | 钢丝绳的绳端固结应符合产品说明书的要求 | | |
| *33 | 配重 | 配重件重量及几何尺寸应符合产品说明书要求，并应有重量标记，其总重量应满足产品说明书的要求，不得使用破损的配重件或其他替代物 | | |
| *34 | | 配重件应可靠固定在配重架上，并应有防止可随意移除的措施 | | |
| *35 | 安全装置 | 安全锁应完好有效，严禁使用超过有效标定期限的安全锁 | | |
| 36 | | 上行程限位应动作正常、灵敏有效 | | |
| *37 | | 应独立设置作业人员专用挂设安全带的安全绳，安全绳应可靠固定在承载能力足够的建筑物结构上，不应有松散、断股、打结，在各尖角过渡处应有保护措施 | | |
| 38 | 电气系统 | 主要电气元件应工作正常，固定可靠；电控箱应有防水、防尘措施 | | |
| 39 | | 主供电电缆在各尖角过渡处应有保护措施 | | |
| *40 | | 悬吊平台上必须设置紧急状态下切断主电源控制回路的急停按钮。急停按钮不得自动复位 | | |
| 41 | | 带电零部件与机体间的绝缘电阻不宜小于2MΩ | | |
| 42 | | 专用开关箱应设置隔离、过载、短路、漏电等电气保护装置，并应符合现行行业标准《施工现场临时用电安全技术规范》JGJ 46 的规定 | | |

备注：带 * 为保证项目。

## 塔式起重机附着装置检验报告

表 F

检验编号：______ 检验类别：______

检验日期：______ 天气：______ 温度：______ 湿度：______ 风速：______

| 工程名称 | | | |
|---|---|---|---|
| 使用单位 | | 施工地点 | |
| 监理单位 | | 安装单位 | |
| 附着装置制造单位 | | 特种设备制造许可证号<br>（附着装置制造单位） | |
| 塔式起重机型号 | | 塔式起重机出厂日期 | |
| 塔式起重机制造单位和出厂编号 | | 塔式起重机备案编号 | |
| 检验时安装附着数 | | 所检验的附着 | 自下而上第____道 |

| 主要检验仪器设备 | 仪器(工具)名称 | 型号 | 编号 | 仪器状况 | 仪器(工具)名称 | 型号 | 编号 | 仪器状况 |
|---|---|---|---|---|---|---|---|---|
| | | | | | | | | |
| | | | | | | | | |
| | | | | | | | | |
| | | | | | | | | |
| | | | | | | | | |
| | | | | | | | | |

| 检验依据 | 《建筑工程施工机械安装质量检验规程》(DGJ32/J65) | | |
|---|---|---|---|
| 检验结果 | 保证项目<br>不合格数 | | 一般项目<br>不合格数 |
| | 检验方(章)<br>签发日期： | | |

批准： 审核： 检验：

续表

| 序号 | 项目类别 | 检验内容及要求 | 检验结果 | 检验结论 |
|---|---|---|---|---|
| 1 | 资料复核 | 塔式起重机说明书 | | |
| 2 | | 塔式起重机制造厂特种设备制造许可证号 | | |
| 3 | | 附着装置制造厂特种设备制造许可证号 | | |
| 4 | | 附着装置安装方案 | | |
| *5 | | 附墙装置附着点处的建筑结构承载力证明材料 | | |
| *6 | | 隐蔽工程验收单 | | |
| 7 | | 附着装置安装自检记录 | | |
| *8 | 构造要求 | 塔式起重机安装的高度超过最大独立高度时，应按照使用说明书的要求安装附着装置 | | |
| 9 | | 附着杆与水平面之间的倾斜角不得超过10° | | |
| 10 | | 附着装置各构件不应有变形、裂纹等缺陷 | | |
| 11 | | 附着装置与塔身节和建筑物的安装连接必须符合说明书要求，并安全可靠 | | |
| 12 | | 附着杆与附着框架及附墙支承座之间的连接应采取竖向铰接形式，不得采用焊接连接的方式，连接螺栓或销轴应齐全，不应缺件、松动 | | |

备注：1. 带*为保证项目。

2. 保证项目有1项或一般项目超过2项不合格，判定为不合格。

# 第10章　特种设备安全技术交底

## 10.1　特种设备安全技术交底文件的编制

### 10.1.1　使用单位的安全职责

《建筑起重机械安全监督管理规定》第十八条规定，起重机械使用单位应当履行下列安全职责：

1）根据不同施工阶段、周围环境以及季节、气候的变化，对建筑起重机械采取相应的安全防护措施；

2）制定建筑起重机械生产安全事故应急救援预案；

3）在建筑起重机械活动范围内设置明显的安全警示标志，对集中作业区做好安全防护；

4）设置相应的设备管理机构或者配备专职的设备管理人员；

5）指定专职设备管理人员、专职安全生产管理人员进行现场监督检查；

6）建筑起重机械出现故障或者发生异常情况的，立即停止使用，消除故障和事故隐患后，方可重新投入使用。

### 10.1.2　建筑起重机械使用管理

**1. 建筑起重机械凭证操作制度**

起重机械设备管理人员应当经过建设行政主管部门培训、考核合格，取得“机械员”资格证书后，持证上岗。

起重机械司机、起重信号司索工等特种作业人员应当经建设主管部门考核合格，并取得特种作业操作资格证书后，方可上岗作业。

**2. 建筑起重机械使用管理**

起重机械特种作业人员在作业中应当严格执行起重机械设备的操作规程和有关的安全规章制度。在作业中有权拒绝违章指挥和强令冒险作业，有权在发生危及人身安全的紧急情况时立即停止作业或者采取必要的应急措施后撤离危险区域。

特种作业人员对起重机械设备安全状况应进行经常性检查，发现事故隐患或者其他不安全因素时，应当立即处理，情况紧急时，待事故隐患消除后，方可投入使用。

出租单位应当对在用的建筑起重机械及其安全保护装置、吊具、索具等进行经常性和定期的检查、维护和保养，并做好记录，交使用单位留存。

租赁的建筑起重机械租期结束后，使用单位应当将定期检查、维护和保养记录移交出租单位。

租赁合同对建筑起重机械的检查、维护、保养另有约定的，按合同执行。

建筑起重机械在使用过程中需要附着的，使用单位应当委托原安装单位或者具有相应资质的安装单位按照专项施工方案实施，并组织验收。验收合格后方可投入使用。

建筑起重机械在使用过程中需要顶升的，使用单位委托原安装单位或者具有相应资质的安装单位按照专项施工方案实施后，即可投入使用。

禁止擅自在建筑起重机械上安装非原制造厂制造的标准节和附着装置。

## 10.2 特种设备安全技术交底

### 10.2.1 特种设备安全技术交底内容

建筑施工现场特种设备包括起重机械和场内机动车辆，操作人员在上岗作业前，项目部必须安排技术人员对其进行安全技术交底。交底内容应区分不同机型。

**1. 塔式起重机安全技术交底内容**

（1）起重吊装的指挥人员必须持证上岗，作业时应与操作人员密切配合，执行规定的指挥信号。操作人员应按照指挥人员的信号进行作业，当信号不清或错误时，操作人员可拒绝执行。

（2）起重机作业前，应检查轨道基础平直无沉陷，并应清除轨道上的障碍物，松开夹轨器并向上固定好。

（3）送电前，各控制器手柄应在零位。当接通电源时，应采用试电笔检查金属结构部分，确认无漏电后，方可上机。

（4）作业前，应进行空载运转，试验各工作机构是否运转正常，有无噪声及异响，各机构的制动器及安全防护装置是否有效，确认正常后方可作业。

（5）起吊重物时，重物和吊具的总重量不得超过起重机相应幅度下规定的起重量。

（6）应根据起吊重物和现场情况，选择适当的工作速度，操纵各控制器时严禁越挡操作，在变换运转方向时，应将控制器手柄扳到零位，待电机停转后再转向另一方向，不得直接变换运转方向、突然变速或制动。

（7）提升重物，严禁自由下降。重物就位时，可采用慢就位机构或利用制动器使之缓慢下降。

（8）提升重物作水平移动时，应高出其跨越的障碍物 0.5m 以上。

（9）作业中，当停电或电压下降时，应立即将控制器扳到零位，并切断电源。如吊钩上挂有重物，应稍松稍紧反复使用制动器，使重物缓慢地下降到安全地带。

（10）作业中如遇六级及以上大风或阵风，应立即停止作业，锁紧夹轨器，将回转机构的制动器完全松开，起重臂应能随风转动。

（11）作业中，操作人员临时离开操纵室时，必须切断电源，锁紧夹轨器。

（12）起重机作业时，起重臂和重物下方严禁有人停留、工作或通过。重物吊运时，严禁从人上方通过，严禁载运人员。

（13）严禁使用起重机进行斜拉、斜吊和起吊地下埋设或凝固在地面上的重物以及其他不明重量的物体，现场浇筑的混凝土构件或模板，必须全部松动后方可起吊。

（14）严禁起吊重物长时间悬停在空中，作业中遇突发故障，应采取措施将重物降落到安全地方，并关闭发动机或切断电源后进行检修，在突然停电时，应立即把所有控制器拨到零位，断开电源开关，再采取措施使重物落到地面。

（15）作业完毕后，起重机应停放在轨道中间位置，起重臂应转到顺风方向，并松开回转制动器，小车及平衡重应置于非工作状态，吊钩提升到离起重臂顶端2～3m处。

（16）停机时，应将每个控制器拨回零位，依次断开各开关，关闭操纵室门窗，下机后，应锁紧夹轨器，使起重机与轨道固定，断开电源总开关，打开高空指示灯。

（17）检修人员上塔身、起重臂、平衡臂等高空部位检查或修理时，必须系好安全带。

（18）在寒冷季节，对停用起重机的电动机、电器柜、变阻器箱、制动器等，应严密遮盖。

**2. 施工升降机安全技术交底内容**

（1）施工升降机驾驶员必须持证上岗，严禁酒后操作，不允许患有疾病时驾驶。

（2）必须严格遵守《说明书和安全操作规程》，严禁盲目使用、维修、保养施工升降机。

（3）必须自觉遵守施工现场劳动纪律和规章制度，恪守职业道德，搞好文明生产。

（4）必须佩戴规定的安全劳保用品。夜间工作时，施工现场必须有足够的照明。

（5）操作前，必须认真检查施工升降机工况，确认设备工况良好，方可驾驶操作。

（6）施工升降机在运行中，驾驶员必须严禁维修工进行修理、调整、保养作业，除必要情况外不准带电检查。

（7）操作时必须按规定进行，严禁越档操作或直接变换运转方向，操作必须平稳。

（8）操作完毕，驾驶员应将梯笼放置到最底层，严禁悬挂在空中驾驶员离岗。驾驶员离岗下班必须切断电源与总开关，锁好笼门。

**3. 物料提升机安全技术交底内容**

（1）物料提升机应有产品标牌，表明额定起重量、最大提升速度、最大架设高度、制造单位、产品编号及出厂日期。

（2）物料提升机安装后，应验收合格后方可交付使用。

（3）必须由取得特种作业操作证的人员操作。

（4）每班开机前，应对卷扬机、钢丝绳、地锚、缆风绳进行检查，并进行空车运行，确认各类安全装置安全可靠后方能投入工作。

（5）附墙架与架体及建筑之间，均应采用刚性件连接，并形成稳定结构，不得连接在脚手架上。严禁使用铅丝绑扎。

（6）附墙架的材质应与架体的材质相同，不得使用木杆、竹竿等做附墙架与金属架体连接。

（7）当物料提升机受到条件限制无法设置附墙架时，应采用缆风绳稳固架体。缆风绳应选用圆股钢丝绳，直径不得小于9.3mm。严禁使用铅丝、钢筋、麻绳等代替。高架提升机在任何情况下均不得采用缆风绳。

（8）龙门架的缆风绳应设在顶部。若中间设置临时缆风绳时，应在此位置将架体两立柱做横向连接，不得分别牵拉立柱的单肢。缆风绳与地面的夹角不应大于60°，其下端应与地锚连接，不得拴在树木、电杆或堆放构件等物体上。

（9）物料提升机严禁乘人。严禁人员攀登、穿越提升机架体和乘坐吊篮上下。

（10）物料在吊篮内应均匀分布，不得超出吊篮、严禁超载使用。

（11）设置灵敏可靠的联系信号装置，司机通讯联络信号不明时不得开机，作业中不论任何人发出紧急停车信号，均应立即执行。

（12）物料提升机在工作状态下，不得进行保养、维修、排除故障等工作，若要进行则应切断电源并在醒目处挂“有人检修、禁止合闸”的标志牌，必要时应设专人监护。

（13）作业结束时，司机应降下吊篮，切断电源，锁好控电箱门，防止其他无证人员擅自启动提升机。

**4. 场内机动车辆安全技术交底内容**

（1）在房屋建筑和市政工地驾驶场内机动车辆的作业人员，必须持建设行政主管部门颁发的特种作业上岗证。

（2）应坚持做好例保工作，车辆制动器、喇叭、转向系统、灯光等不合格不准用车。

（3）严禁翻斗车、自卸车车厢乘人，严禁人货混装，车辆载货应不超载、超高、超宽，捆扎应牢固可靠，应防止车内物体失稳跌落伤人。

（4）乘坐车辆应坐在安全处，头、手、身不得露出车厢外，要避免车辆启动制动时跌倒。

（5）车辆进出施工现场，在场内掉头、倒车，在狭窄场地行驶时应有专人指挥。

（6）现场行车进场要减速，并做到“四慢”：道路情况不明要慢；线路不良要慢；起步、会车、停车要慢；在狭路、桥梁弯路、坡路、岔道、行人拥挤地点及出入大门时要慢。

（7）在临近机动车道作业区和脚手架等设施，以及在道路中的路障应加设安全色标、安全标志和防护措施，并要确保夜间有充足照明。

（8）装卸车作业时，若车辆停在坡道上，应在车轮两侧用楔形木块加以固定。

（9）机动车辆不得牵引无制动装置的车辆，牵引物体时物体上不得有人，人不得进入牵引的物与车之间，坡道上牵引时，车和被牵引物下方不得有人作业和停留。

### 10.2.2 特种设备安全技术交底方式

安全技术交底是根据方案中规定的工艺流程和施工方法进行编写，分阶段与技术交底同时进行。安全技术交底应包括各级、各层次的安全技术交底：

（1）专项施工项目开工前，企业的技术负责人应向参加施工的管理技术人员进行安全技术交底；

（2）专项方案实施前，总承包单位向特种设备专业分包单位，分包单位工程项目的管理技术人员向作业班组进行安全技术交底；

（3）作业班组应对作业人员进行班前交底。

交底应有针对性、细致全面、讲究实效，不能流于形式。专职安全管理人员参与安全技术交底，在工程实施中按交底的内容和技术标准、规范和内部规章制度实施监督管理。

安全技术交底必须有书面交底记录。交底人、被交底人、安全员应履行签字手续。

# 第 11 章　机械设备操作人员的安全教育培训

## 11.1　现场机械设备操作人员安全教育培训计划的编制

为了提高施工机械操作人员的安全意识，技能水平，施工项目应根据项目施工特点、设备种类，组织对机械操作人员进行培训，编制培训计划，培训计划应明确培训目的、培训性质、培训内容、参加人员等。培训内容应包括管理制度、专业性的知识、操作技能、安全技术等。

1. 培训目的：使操作人员了解国家安全生产方针、有关法律法规和规章；了解岗位作业的危险、职业危害因素；熟悉本岗位安全生产的权利和义务；掌握本岗位安全操作规程以及个人防护、避灾、自救与互救基本方法；了解安全设施、常见事故防范、应急措施基本常识；掌握个人劳动防护用品的使用和简单维护，以及职业病预防知识等，具备与其从事作业场所和工作岗位相应的知识和能力。

2. 培训意义：安全教育培训是保证安全生产的基础，是提高操作人员安全技术素质、搞好安全生产的前提，也是营造良好安全生产文化氛围的主要措施。教育培训的主要内容为有关的法律法规，典型事故案例，安全文件及安全理念等。

### 11.1.1　安全生产法要点

《全国人民代表大会常务委员会关于修改〈中华人民共和国安全生产法〉的决定》已由中华人民共和国第十二届全国人民代表大会常务委员会第十次会议于 2014 年 8 月 31 日通过，自 2014 年 12 月 1 日起施行。

第三条　安全生产工作应当以人为本，坚持安全发展，坚持“安全第一、预防为主、综合治理”的方针。

第五条　生产经营单位的主要负责人对本单位的安全生产工作全面负责。

第二十五条　生产经营单位应当对从业人员进行安全生产教育和培训，保证从业人员具备必要的安全生产知识，熟悉有关的安全生产规章制度和安全操作规程，掌握本岗位的安全操作技能，了解事故应急处理措施，知悉自身在安全生产方面的权利和义务。未经安全生产教育和培训合格的从业人员，不得上岗作业。

第二十六条　生产经营单位采用新工艺、新技术、新材料或者使用新设备，必须了解、掌握其安全技术特性，采取有效的安全防护措施，并对从业人员进行专门的安全生产教育和培训。

第二十七条　生产经营单位的特种作业人员必须按照国家有关规定经专门的安全作业培训，取得相应资格，方可上岗作业。

第三十二条　生产经营单位应当在有较大危险因素的生产经营场所和有关设施、设备上，设置明显的安全警示标志。

第三十五条　国家对严重危及生产安全的工艺、设备实行淘汰制度。生产经营单位不得使用应当淘汰的危及生产安全的工艺、设备。

第四十一条　生产经营单位应当教育和督促从业人员严格执行本单位的安全生产规章制度和安全操作规程；并向从业人员如实告知作业场所和工作岗位存在的危险因素、防范措施以及事故应急措施。

第四十二条　生产经营单位必须为从业人员提供符合国家标准或者行业标准的劳动防护用品，并监督、教育从业人员按照使用规则佩戴、使用。

第四十四条　生产经营单位应当安排用于配备劳动防护用品、进行安全生产培训的经费。

第四十五条　两个以上生产经营单位在同一作业区域内进行生产经营活动，可能危及对方生产安全的，应当签订安全生产管理协议，明确各自的安全生产管理职责和应当采取的安全措施，并指定专职安全生产管理人员进行安全检查与协调。

第四十九条　生产经营单位与从业人员订立的劳动合同，应当载明有关保障从业人员劳动安全、防止职业危害的事项，以及依法为从业人员办理工伤保险的事项。

生产经营单位不得以任何形式与从业人员订立协议，免除或者减轻其对从业人员因生产安全事故伤亡依法应承担的责任。

第五十一条　从业人员有权对本单位安全生产工作中存在的问题提出批评、检举、控告；有权拒绝违章指挥和强令冒险作业。

生产经营单位不得因从业人员对本单位安全生产工作提出批评、检举、控告或者拒绝违章指挥、强令冒险作业而降低其工资、福利等待遇或者解除与其订立的劳动合同。

第五十四条　从业人员在作业过程中，应当严格遵守本单位的安全生产规章制度和操作规程，服从管理，正确佩戴和使用劳动防护用品。

第五十五条　从业人员应当接受安全生产教育和培训，掌握本职工作所需的安全生产知识，提高安全生产技能，增强事故预防和应急处理能力。

第七十一条　任何单位或者个人对事故隐患或者安全生产违法行为，均有权向负有安全生产监督管理职责的部门报告或者举报。

第九十四条　生产经营单位有下列行为之一的，责令限期改正，可以处五万元以下的罚款；逾期未改正的，责令停产停业整顿，并处五万元以上十万元以下的罚款，对其直接负责的主管人员和其他直接责任人员处一万元以上二万元以下的罚款：

（一）未按照规定设置安全生产管理机构或者配备安全生产管理人员的；

（二）危险物品的生产、经营、储存单位以及矿山、金属冶炼、建筑施工、道路运输单位的主要负责人和安全生产管理人员未按照规定经考核合格的；

（三）未按照规定对从业人员、被派遣劳动者、实习学生进行安全生产教育和培训，或者未按照规定如实告知有关的安全生产事项的；

（四）未如实记录安全生产教育和培训情况的；

（五）未将事故隐患排查治理情况如实记录或者未向从业人员通报的；

（六）未按照规定制定生产安全事故应急救援预案或者未定期组织演练的；

（七）特种作业人员未按照规定经专门的安全作业培训并取得相应资格，上岗作业的。

第一百零三条　生产经营单位与从业人员订立协议，免除或者减轻其对从业人员因生产安全事故伤亡依法应承担的责任的，该协议无效；对生产经营单位的主要负责人、个人经营的投资人处二万元以上十万元以下的罚款。

第一百零四条　生产经营单位的从业人员不服从管理，违反安全生产规章制度或者操作规程的，由生产经营单位给予批评教育，依照有关规章制度给予处分；构成犯罪的，依照刑法有关规定追究刑事责任。

### 11.1.2　三级安全教育培训内容

1. 施工项目部新进场的机械设备操作人员，必须接受公司、项目、班组的三级安全教育培训，经考核合格后，方能上岗；

2. 公司安全教育培训的主要内容是：国家和地方有关安全生产的方针、政策、法规、标准、规范、规程和企业的安全规章制度等；

3. 项目安全教育培训的主要内容是：项目安全制度、施工现场环境、工程施工特点及可能存在的不安全因素等；

4. 班组安全教育培训的主要内容是：本工程的安全操作规程、事故案例剖析、劳动纪律和岗位讲评等。

### 11.1.3　企业安全教育培训计划

1. 企业应每年编制安全生产教育培训计划，并由企业相关部门组织实施。

2. 机械设备操作人员每年必须接受不少于一次专门的安全教育培训，并进行安全生产知识和操作技能的考核。

3. 施工企业应定期对项目部落实安全教育培训计划情况进行检查，检查结果应纳入对项目部的管理考核之中。

4. 施工企业应对特种作业人员每年进行安全生产继续教育，培训时间不得少于 20 学时。

5. 机械设备操作人员每年接受安全培训的时间不得少于 15 学时。

6. 施工企业新进场机械设备操作人员必须接受公司、项目部、班组的三级安全教育，公司安全培训时间不得少于 15 学时；项目安全培训时间不得少于 15 学时；班组安全培训时间不得少于 20 学时。

7. 企业待岗、转岗、换岗的机械设备操作人员，在重新上岗前，必须接受一次安全培训，时间不得少于 20 学时。

### 11.1.4　施工现场安全教育培训计划

1. 施工项目部应制定职工培训计划，对管理人员、特殊工种、其他职工按不同工作岗位及不同作业时期编制计划，并按计划组织实施。

2. 施工项目部应建立安全教育培训档案，记录教育培训情况，受教育者应签字确认，严禁代签字，并逐步创造条件建立施工现场安全教育培训 IC 卡（平安卡）制度。

3. 培训内容按照工程进度和机械设备操作人员的实际需要确定，重点是安全知识、法律法规、安全教育、操作规程、安全纪律、文明礼仪、社会公德、职业道德、卫生防疫、操作技能等内容。

## 11.2　机械设备操作人员安全教育培训

### 11.2.1　机械设备操作人员安全教育培训方式

针对施工机械操作人员的培训，可以采用外部培训和内部培训等方式，主要有以下几种：

1）外部培训：这种形式是许多企业常用的，如将特种作业人员送到相关培训机构或基地进行培训，系统地学习特种设备的理论知识和实际操作方法，能有效地提高操作水平。

2）内部培训：由企业内部技术人员或邀请专家对特种作业人员进行培训，根据本企业实际情况确定培训内容。

3）技能竞赛：通过技能竞赛，达到相互学习、相互促进、共同提高的目的。

### 11.2.2　机械设备操作人员安全教育内容

机械设备操作人员的安全教育是施工生产正常进行的前提，又是安全管理工作的重要环节，是提高机械设备操作人员安全素质、安全管理水平和防止机械事故发生的重要手段。

机械设备操作人员的安全教育主要包括安全生产思想教育、知识教育、技能教育和法制教育 4 个方面的内容

**1. 安全生产思想教育**

安全思想教育的目的是为安全生产奠定思想基础。通常从加强思想认识、方针政策和劳动纪律等方面进行。

（1）思想认识和方针政策的教育。一是提高机械设备操作人员的对安全生产重要意义的认识，从思想上认识到安全生产的重要性，以增强关心人、保护人的责任感，树立牢固的安全第一思想。二是通过安全生产方针、政策教育，提高机械设备人员的政策水平，使他们正确、全面地理解党和国家的安全生产方针、政策并严肃认真地执行。

（2）劳动纪律教育。主要是使机械设备操作人员懂得严格执行劳动纪律对实现安全生产的重要性，企业的劳动纪律是劳动者进行共同劳动时必须遵守的法则和秩序。反对违章指挥、违章作业，严格执行安全操作规程，遵守劳动纪律是贯彻安全生产方针，减少机械伤害事故，实现安全生产的重要保证。

**2. 安全生产知识教育**

机械设备操作人员必须具备机械安全基本知识。机械安全基本知识教育的主要内容是：企业的基本生产概况；施工流程、方法；企业施工危险区域及其安全防护的基本知识和注意事项；机械设备的有关安全知识；电气设备安全知识；高处作业安全知识、消防制度及灭火器材应用的基本知识；个人防护服务器的正确使用知识等。

**3. 安全生产技能教育**

安全生产技能教育就是结合机械设备操作工种专业特点，实现安全操作、安全防护所

必备的基本技术知识要求。每个机械设备操作人员都要熟悉本机种、本岗位专业安全技术知识。安全技能知识是比较专门、细致和深入的知识。主要包括安全技术、劳动卫生和安全操作规程。国家规定起重、焊接、电气等特种作业人员必须进行专门的安全技术培训。

**4. 安全生产法制教育**

法制教育就是要采取各种有效形式，对机械设备操作人员进行安全生产法规和法制教育，从而提高其遵法、守法的自觉性，以达到安全生产的目的。

# 第 12 章　对特种设备运行状况的安全评价

## 12.1　根据特种设备运行状况、运行记录进行安全评价

根据国家法律法规、规章、安全技术规范及国家、省有关文件要求，以及特种设备运行状况、运行记录，特种设备使用单位可组织安全评价小组，开展对特种设备的安全评价。

安全评价原则每年进行一次根据特种设备运行状况、运行记录进行安全评价。对连续两年安全评价优良的使用单位，可每两年进行一次。但存在以下情况之一的，应重新进行评价：

（1）发生特种设备安全事故的；

（2）管理体制或安全管理机构、体系变更的；

（3）使用单位性质发生变更的；

（4）扩大生产经营规模的；

（5）涉及使用特种设备的产品增加、变更的，且特种设备增加数量较大的（相对原有设备，增加数量在 30%以上）。

如评价结果为不合格，特种设备的使用单位应按照评价小组的结论对所有不合格内容进行整改。整改后，重新评价。

对超过一定使用年限的特种设备，可委托具有相应资质的检测机构进行安全评估。

### 12.1.1　安全评估的适用对象

建设部第 659 号公告规定了建筑施工现场各类塔式起重机和施工升降机的使用年限。规定：超过一定使用年限的塔式起重机和施工升降机限制使用；超过一定使用年限的应由有资质评估机构评估合格后，方可继续使用。相关的国家标准、地方标准进行了详细的规定。

（1）《建筑起重机安全评估技术规程》（JGJ/T 189—2009）规定：

塔式起重机和施工升降机有下列情况之一的应进行安全评估：

① 塔式起重机：630kN·m 以下（不含 630kN·m）、出厂年限超过 10 年（不含 10 年）；630～1250kN·m（不含 1250kN·m）、出厂年限超过 15 年（不含 15 年）；1250kN·m 以上（含 1250kN·m）、出厂年限超过 20 年（不含 20 年）；

② 施工升降机：出厂年限超过 8 年（不含 8 年）的 SC 型施工升降机；出厂年限超过 5 年（不含 5 年）的 SS 型施工升降机。

（2）塔式起重机和施工升降机安全评估的最长有效期限应符合下列规定：

① 塔式起重机：630kN·m 以下（不含 630kN·m）评估合格最长有效期限为 1 年；630～1250kN·m（不含 1250kN·m）评估合格最长有效期限为 2 年；1250kN·m 以上（含 1250kN·m）评估合格最长有效期限为 3 年；

② 施工升降机：SC 型评估合格最长有效期限为 2 年，SS 型评估合格最长有效期限为 1 年。

### 12.1.2 安全评估的主要内容

建筑起重机械的安全评估：对建筑起重机械的设计、制造情况进行了解，对使用保养情况记录进行检查，对钢结构的磨损、锈蚀、裂纹、变形等损失情况进行检查与测量，并按规定对整机安全性能进行载荷试验，由此分析判断其安全度，做出合格或不合格结论的活动。

建筑起重机械的安全评估适用于建筑工程使用的塔式起重机、施工升降机等建筑起重机械的安全评估。超过规定使用年限的塔式起重机和施工升降机应进行安全评估。

塔式起重机和施工升降机的评估应以重要结构件及主要零部件、电气系统、安全装置和防护设施等为主要内容。重要结构件是指建筑起重机械钢结构的主要受力构件，因其失效可导致整机不安全的结构件。

（1）塔式起重机和施工升降机的重要结构件宜包括下列主要内容：

塔式起重机：塔身、起重臂、平衡臂（转台）、塔帽或塔顶构造、拉杆、回转支撑座、附着装置、顶升套架或内爬升架、行走底盘及底座等；

施工升降机：导轨架（标准节）、吊笼、天轮架、底架及附着装置等。

（2）钢结构安全评估检测点的选择应包括下列部位：

重要结构件关键受力部位；

高应力和低疲劳寿命区；

存在明显应力集中的部位；

外观有可见裂纹、严重锈蚀、磨损、变形等部位；

钢结构承受交变荷载、高应力区的焊接部位及其热影响区域等。

（3）安全评估应采取下列方法：

目测：全面检查钢结构的表面锈蚀、磨损、裂纹和变形等，对发现的缺陷或可疑部位做出标记，并应进一步检测评估；

影像记录：用照相机或摄像机拍摄设备的整机外貌、重点区域以及可见缺陷部位；

厚度测量：采用超声波测厚仪、游标卡尺等器具测量结构件的实际厚度；

直线度等形位偏差测量：用直线规、经纬仪、卷尺等器具进行测量；

载荷试验：通过载荷试验检验各系统性能及各安全装置的工作有效性；

无损检测方法：当重要结构件外观有明显缺陷或疑问时采用。

（4）塔式起重机、施工升降机安全评估的主要内容：

结构件锈蚀与磨损检测；

结构件裂纹检测；

结构件变形检测；

销轴与轴孔磨损及变形检测；

主要零部件、安全装置、电气系统及防护设施的检查检测。

### 12.1.3 安全评估的程序

设备产权单位应提供设备安全技术档案资料。设备安全技术档案资料应包括特种设备制造许可证、制造监督检验证明（2014年1月1日后出厂的不提供）、产品出厂合格证、使用说明书、备案证明、使用履历记录等，并应符合规程的要求。

在设备解体状态下，应对设备外观进行全面目测检查，对重要结构件及可疑部位应进行厚度测量、直线度测量及无损检测等。

设备组装调试完成后，应对设备进行载荷试验。

根据设备安全技术档案资料情况、检查测量结果等，按有关标准要求，对设备进行安全评估判别，得出安全评估结论及有效期并出具安全评估报告。

应对安全评估后的建筑起重机械进行唯一性标识。

## 12.2 确定特种设备的关键部位、实施重点安全检查

### 12.2.1 评估判别

**1. 壁厚判别**

对重要结构件因锈蚀磨损引起壁厚减薄，当减薄量达到原壁厚10%时，应判为不合格；经计算或应力测试，对重要结构件的应力值超过原设计计算应力的15%时，应判为不合格。

结构件特殊部位的锈蚀与磨损检查应按表12-1进行判别。

**结构件特殊部位锈蚀与磨损检查判别标准** 表12-1

| 特殊部位位置 | | 判别标准 | 判别结论 |
|---|---|---|---|
| 水平臂变幅塔机小车导轨面 | | $\Delta \leqslant 30\%$ | 合格 |
| | | $\Delta > 30\%$ | 不合格 |
| 施工升降机导轨架标准节导轨面 | | $\Delta \leqslant 25\%$ | 合格 |
| | | $\Delta > 25\%$ | 不合格 |
| 施工升降机传动件 | 齿轮 | $\Delta \leqslant 4.5\%$ | 合格 |
| | | $\Delta > 4.5\%$ | 不合格 |
| | 齿条 | $\Delta \leqslant 4\%$ | 合格 |
| | | $\Delta > 4\%$ | 不合格 |
| 轴孔与销轴直径磨损变形量 | | $\Delta \leqslant 3\%$ | 合格 |
| | | $\Delta > 3\%$ | 不合格 |

**2. 裂纹判别**

1）当采用磁粉检测方法进行焊缝表面或近表面裂纹的探伤时，焊缝应达到现行行业标准《无损检测　焊缝磁粉检测》JB/T 6061和《无损检测　焊缝渗透检测》JB/T 6062中规定的1级要求；当采用超声检测方法进行焊缝内部探伤时，焊缝应达到现行行业标准《起重机械无损检测　钢焊缝超声检测》JB/T 10559中规定的2级要求。根据焊缝的特征当采用其他合适的无损检测方法进行内部探伤时，应根据相应的检测标准进行合格判别。

设计另有规定的应按设计要求进行判定。

2）重要结构件表面发现裂纹的，该结构件应判为不合格。

3）施工升降机的齿轮齿根处出现裂纹的，该齿轮应判为不合格；施工升降机的齿条齿根处出现裂纹的，该齿条应判为不合格。

**3. 变形判别**

1）重要结构件失去整体稳定时，该结构件应判为不合格。

2）重要结构件主弦杆、斜杆直线度应按表 12-2 进行判别。

**重要结构件主弦杆、斜杆直线度判别标准** **表 12-2**

| 检测项目 | 判别指标 | 判别标准 |
|---|---|---|
| 主弦杆直线度 | ≤1‰ | 合格 |
| | >1‰ | 不合格 |
| 斜杆直线度 | ≤1/750 | 合格 |
| | >1/750 | 不合格 |

注：设计另有规定的应按设计要求进行判定。

3）结构件形位偏差应按表 12-3 进行判别。

**结构件形位偏差判别标准** **表 12-3**

| 检测项目 | 判别指标 | 判别标准 |
|---|---|---|
| 标准节<br>截面对角线偏差 | ≤1.5‰ | 合格 |
| | >1.5‰ | 不合格 |
| 施工升降机<br>吊笼结构在笼门方向投影的对角线偏差 | ≤1.5‰ | 合格 |
| | >1.5‰ | 不合格 |
| 施工升降机<br>吊笼门框平行度偏差 | ≤1.5‰ | 合格 |
| | >1.5‰ | 不合格 |

**4. 塔式起重机整机判别**

1）当出现下列情况之一时，塔式起重机应判为不合格：

① 重要结构件检测有指标不合格的；

② 有保证项目不合格的。

2）重要结构件检测指标均合格，保证项目全部合格的，可判定为整机合格。

**5. 施工升降机整机判别**

1）当出现下列情况之一时，施工升降机应判为不合格：

① 重要结构件检测有指标不合格的；

② 有保证项目不合格的。

2）重要结构件检测指标均合格，保证项目全部合格的，可判定为整机合格。

### 12.2.2 评估结论与报告

1）安全评估机构应根据设备安全技术档案资料情况、检查检测结果等，依据有关标准要求，对设备进行安全评估判别，得出安全评估结论及有效期，并应出具安全评估报告。

2）安全评估报告应包括设备评估概述、主要技术参数、检查项目及结果、评估结论及情况说明等内容。主要检测部位照片、相关检测数据等资料应作为评估报告的附件。

3）安全评估报告中情况说明应包括下列内容：

① 对评估结论为合格，但存在缺陷的建筑起重机械，应注明整改要求及注意事项；

② 对评估结论为不合格的建筑起重机械，应注明不合格的原因。

# 第 13 章　机械设备的安全隐患

施工机械是现代建筑工程施工中的重要工具，是完成施工生产机械化、自动化，减轻繁重体力劳动，提高劳动生产率的重要设备。在施工过程中如果管理不严、操作不当，极易发生伤人事故。机械伤害已成为建筑行业“五大伤害”之一，并且逐年增多。因此，预防机械事故，消除机械安全隐患，保障机械安全运转，是机械管理部门的重要任务和应当常抓不懈的工作，也是保持机械完好，提高机械利用率，保障人民生命财产安全的大事。因而，机械员掌握施工机械的安全技术，对预防和控制伤害事故的发生十分必要。

## 13.1　安全事故的分类

### 13.1.1　施工机械安全事故概述

施工机械事故是指由于人的不安全行为或者机械设备处于不安全状态所引起的、突然发生的、与人的意志相反且事先未能预料到的意外事件。施工机械事故能造成人员的伤亡，企业财产的损失，使生产经营活动不能顺利进行，甚至造成巨大的不良的社会影响。

施工机械事故与所有的生产安全事故一样具有因果性、随机性、潜伏性和可预防性的特点。事故的发生具有偶然性，即事故什么时间发生，在什么地方发生，事故发生将造成什么样的损失或多大的损失，都是事先不可预料的，但是，偶然性的背后具有某种必然性，因为任何事故都是有相互联系的多种因素共同作用的结果，有因必有果，有果必有因。

施工机械，尤其是大型建筑起重机械的安装拆卸使用，专业技术、安全可靠性要求高，危险性较大，在施工现场属于重大危险源，对施工机械管理的缺失，往往就是对机械安全的潜在威胁，只要我们能及时发现施工机械安装拆卸使用过程中的危险因素，事先加以防范与控制，就能有效地预防施工机械安全事故的发生。从这一角度说，施工机械安全事故是可以事先防范的，是可控的。

### 13.1.2　施工机械安全事故的分类

施工机械事故可以根据事故性质或者事故造成损失的严重程度来划分其不同的类别：

**1. 按施工机械事故的性质分类**

施工机械事故是指由于使用、保养、修理不当，保管不善或其他原因，引起机械非正常损坏或损失，造成机械技术性能下降，使用寿命缩短。施工机械事故，按性质可以分为责任事故和非责任事故两类。

（1）责任事故

1）因养护不良、驾驶操作不当，造成翻、倒、撞、堕、断、扭、烧、裂等情况，引起机械设备的损坏。

2）修理质量差，未经严格检验出厂后发生的事故或损坏。如：因配合不当而烧坏轴和轴承等。发动机、变速器等装配不当而损坏总成等。

3）不属于正常磨损的机件损坏。

4）因操作不当造成的间接损失，如：起重机摔坏起吊物件等。

5）丢失重要的随机附件等。

（2）非责任事故

1）因突然发生的自然灾害，如台风、地震、山洪、雪崩等意想不到、无法防范的客观因素造成的施工机械损坏。

2）属于原厂制造质量低劣而发生的机件损坏，经鉴定属实者。

**2. 按照安全事故等级分类**

《生产安全事故报告与调查处理条例》（国务院第493号令）规定，根据生产安全事故造成的人员伤亡或者直接经济损失，将事故分为四大类。

（1）特别重大事故：是指造成30人以上死亡，或者100人以上重伤（包括急性工业中毒，下同），或者1亿元以上直接经济损失的事故；

（2）重大事故：是指造成10人以上30人以下死亡，或者50人以上100人以下重伤，或者5000万元以上1亿元以下直接经济损失的事故；

（3）较大事故：是指造成3人以上10人以下死亡，或者10人以上50人以下重伤，或者1 000万元以上5 000万元以下直接经济损失的事故；

（4）一般事故：是指造成3人以下死亡，或者10人以下重伤，或者1000万元以下直接经济损失的事故。

《特种设备安全监察条例》在《生产安全事故报告与调查处理条例》的基础上，对特种设备事故进行了更详细的划分，建筑起重机械等特种设备应执行本条例。

依据特种设备安全事故所造成的人员伤亡和直接经济损失等情况，将事故分为四大类。

（1）有下列情形之一的，为特别重大事故：

① 特种设备事故造成30人以上死亡，或者100人以上重伤（包括急性工业中毒，下同），或者1亿元以上直接经济损失的；

② 600兆瓦以上锅炉爆炸的；

③ 压力容器、压力管道有毒介质泄漏，造成15万人以上转移的；

④ 客运索道、大型游乐设施高空滞留100人以上并且时间在48小时以上的。

（2）有下列情形之一的，为重大事故：

① 特种设备事故造成10人以上30人以下死亡，或者50人以上100人以下重伤，或者5 000万元以上1亿元以下直接经济损失的；

② 600兆瓦以上锅炉因安全故障中断运行240小时以上的；

③ 压力容器、压力管道有毒介质泄漏，造成5万人以上15万人以下转移的；

④ 客运索道、大型游乐设施高空滞留100人以上并且时间在24小时以上48小时以下的。

（3）有下列情形之一的，为较大事故：

① 特种设备事故造成3人以上10人以下死亡，或者10人以上50人以下重伤，或者1000万元以上5000万元以下直接经济损失的；

② 锅炉、压力容器、压力管道爆炸的；

③ 压力容器、压力管道有毒介质泄漏，造成1万人以上5万人以下转移的；

④ 起重机械整体倾覆的；

⑤ 客运索道、大型游乐设施高空滞留人员12小时以上的。

（4）有下列情形之一的，为一般事故：

① 特种设备事故造成3人以下死亡，或者10人以下重伤，或者1万元以上1000万元以下直接经济损失的；

② 压力容器、压力管道有毒介质泄漏，造成500人以上1万人以下转移的；

③ 电梯轿厢滞留人员2小时以上的；

④ 起重机械主要受力结构件折断或者起升机构坠落的；

⑤ 客运索道高空滞留人员3.5小时以上12小时以下的；

⑥ 大型游乐设施高空滞留人员1小时以上12小时以下的。

除前款规定外，国务院特种设备安全监督管理部门可以对一般事故的其他情形做出补充规定。

## 13.2 安全事故的处置

### 13.2.1 施工机械安全事故的报告

当施工机械事故发生后，企业应该按照国务院《生产安全事故报告与调查处理条例》和《特种设备安全监察条例》的要求，逐级报告事故情况。

《生产安全事故报告与调查处理条例》规定：事故发生后，事故现场有关人员应当立即向本单位负责人报告；单位负责人接到报告后，应当于1小时内向事故发生地县级以上人民政府安全生产监督管理部门和负有安全生产监督管理职责的有关部门报告。

情况紧急时，事故现场有关人员可以直接向事故发生地县级以上人民政府安全生产监督管理部门和负有安全生产监督管理职责的有关部门报告。

事故报告后出现新情况的，应当及时补报。自事故发生之日起30日内，事故造成的伤亡人数发生变化的，应当及时补报。

报告事故应当包括下列内容：

① 事故发生单位概况；

② 事故发生的时间、地点以及事故现场情况；

③ 事故的简要经过；

④ 事故已经造成或者可能造成的伤亡人数（包括下落不明的人数）和初步估计的直接经济损失；

⑤ 已经采取的措施；

⑥ 其他应当报告的情况。

《特种设备安全监察条例》规定：特种设备事故发生后，事故发生单位应当立即启动事故应急预案，组织抢救，防止事故扩大，减少人员伤亡和财产损失，并及时向事故发生地县以上特种设备安全监督管理部门和有关部门报告。

### 13.2.2 施工机械安全事故的调查

施工机械事故的调查，应该按照《中华人民共和国特种设备安全法》和国务院《生产安全事故报告与调查处理条例》的要求进行。

《中华人民共和国特种设备安全法》第七十二条规定：

"特种设备发生特别重大事故，由国务院或者国务院授权有关部门组织事故调查组进行调查。

发生重大事故，由国务院负责特种设备安全监督管理的部门会同有关部门组织事故调查组进行调查。

发生较大事故，由省、自治区、直辖市人民政府负责特种设备安全监督管理的部门会同有关部门组织事故调查组进行调查。

发生一般事故，由设区的市级人民政府负责特种设备安全监督管理的部门会同有关部门组织事故调查组进行调查。

事故调查组应当依法、独立、公正开展调查，提出事故调查报告。"

未造成人员伤亡的一般事故，县级人民政府也可以委托事故发生单位组织事故调查组进行调查。

施工企业发生事故后，单位负责人、直接主管安全负责人、其他有关责任人员不得擅自离开事故现场，应当主动配合事故调查组调查，及时提供事故调查所需的有关资料。

施工企业发生重伤及以下的安全事故后，应当组织本单位工会、技术、安全等职能部门组成事故调查组，事故调查组应当按照"实事求是、尊重科学"的原则进行调查，在20日内提交事故调查报告，并将事故调查报告报送到企业所在地建设行政主管部门。

施工企业发生的未遂事故，也应当组织相关人员进行调查分析，提出防范再次发生同类型事故的措施。

事故调查报告应当包括以下内容：

① 事故发生单位概况；

② 事故发生经过和救援情况；

③ 事故造成的人员伤亡和直接经济损失；

④ 事故发生的原因和事故性质；

⑤ 事故责任的认定以及事故责任人的处理建议；

⑥ 事故防范与整改措施。

### 13.2.3 施工机械安全事故的分析

施工机械事故处理的关键在于正确地分析事故原因。事故分析的基本要求是：

（1）要重视并及时进行事故分析。分析工作进行得越早，原始数据越多，确定事故原因的证据就越充分。要保存好事故的原始证据。

（2）如需拆卸发生事故机械的部件时，要避免使零件再产生新的损伤或变形等情况发生。

(3) 分析事故原因时，除注意发生事故部位外，还要详细了解周围环境，多访问有关人员，以便得出真实情况。

(4) 分析事故应以损坏的实物和现场实际情况为主要依据，进行科学的检查、化验，对各方面的因素和数据仔细分析判断，不得盲目推测，主观臆断。

(5) 机械事故往往是多种因素造成的，分析时必须从多方面进行，确有科学根据时才能作出结论，避免由于结论片面而引起不良后果。

(6) 根据分析结果，填写故事报告单，确定事故原因、性质、责任者、损失价值、造成后果和事故等级，提出处理意见和改进措施。

### 13.2.4 施工机械安全事故的处理

**1. 事故发生时对事故的处理**

施工企业当机械事故发生后，操作人员应立即停机，并向单位领导和机械主管人员报告。事故发生单位负责人接到事故报告后，单位领导和机械主管人员应会同有关人员立即前往事故现场，立即启动事故相应应急预案，如涉及人身伤亡或有重大事故损失等情况，应首先组织抢救，防止事故扩大，以减少人员伤亡和财产损失。

事故发生后，现场有关人员应当妥善保护事故现场以及相关证据，任何单位和个人不得破坏事故现场、毁灭相关证据。

因抢救人员、防止事故扩大以及疏通交通等原因，需要移动事故现场物件的，应当做出标志，绘制现场简图并做出书面记录，妥善保存现场重要痕迹、物证。

**2. 事故发生后对事故的处理**

施工企业应当按照“四不放过”原则（“四不放过”原则是指发生安全事故后原因分析不清不放过，事故责任者和群众没有受到教育不放过，没有防范措施不放过，有关领导和责任者没有追究责任不放过。）进行机械事故处理。具体要求是：

(1) 事故不论大小应如实上报，并填写事故报告单。企业必须在24小时内以书面形式逐级上报当地人民政府安全监督部门和负有安全监督责任的有关部门。事故报告单参考格式见表13-1。

**机械事故报告单** **表13-1**

报送单位： 填报日期： 年 月 日

| 机械名称 | | 规　格 | | 管理编号 | |
|---|---|---|---|---|---|
| 使用单位 | | 事故时间 | | 事故地点 | |
| 事故责任者 | | 职　称 | | 等　级 | |
| 事故经过及原因： | | | | | |
| 损失情况： | | | | | |
| 基层处理意见： | | | | | |
| 公司处理(审批)意见： | | | | | |
| 上级审批意见： | | | | | |
| 备注 | | | | | |

单位主管： 填表人：

（2）事故发生后，事故单位必须认真对待，并按“四不放过”的原则对事故责任者和群众进行教育。

（3）施工企业应当按照事故结案文件，落实对事故责任人的处理。在处理机械事故过程中，对责任者的处理，应贯彻教育为主、处罚为辅的原则，根据情节轻重、态度好坏、初犯或屡犯给予不同的处分或罚金。造成严重后果，对主要责任人应当追究刑事责任。

（4）施工企业应当按照国家有关事故处理的规定，认真做好对伤亡人员的经济赔偿工作。

（5）事故调查处理的最终目的是举一反三，防止同类事故重复发生。因此施工企业发生机械安全事故后，应当认真吸取事故教训，落实防范和整改措施，防止事故再次发生。

（6）在机械事故处理完毕后，应将事故的详细情况记入机械档案。机械事故报表参考格式见表13-2。

**机械事故报表** **表13-2**

报送单位：　　年　月　日

| 事故时间 | 事故地点 | 肇事人 | 事故原因 | 经济损失 | 处理情况 |
|---|---|---|---|---|---|
| | | | | | |
| | | | | | |
| | | | | | |
| | | | | | |
| | | | | | |
| | | | | | |
| | | | | | |
| | | | | | |

单位主管：　　填表人：

## 13.3 安全事故的预防

建筑施工企业必须遵循“安全第一、预防为主、综合治理”的安全生产方针，坚持“以人为本”的原则，切实做好施工机械安全事故的预防工作。

### 13.3.1 落实安全责任，强化安全管理

落实安全生产责任、完善安全管理制度、切实搞好安全教育和检查等基础性的安全综合管理，是防范施工机械事故，确保机械安全运行的重要手段。

**1. 落实施工机械安全生产责任**

施工机械安全生产责任制是企业岗位责任制的重要内容之一。由于施工机械的安全直接影响施工生产的安全，所以施工机械的安全指标应列入企业经理（厂长）的任期目标。企业的经理（厂长）是企业施工机械的总负责人，应对施工机械安全负全责。根据“管生产的同时必须管安全”的原则，对企业各级领导、各职能部门，直到每个施工生产岗位上的职工，都要根据其工作性质和要求，明确规定对施工机械安全的责任。

落实施工机械安全责任制，要求施工企业应建立设备综合管理体系，设置设备管理部门或人员。施工项目部应配备设备管理员负责机械设备的管理工作。施工企业与项目部应形成机械安全管理网。其次是内容落实，各项安全要求和责任要落实到各项制度规定中，落实到每个人的身上，以保证施工机械安全责任制的贯彻执行。同时，企业安全管理部门既要管施工生产的安全，又要管机械的安全，两者是不可分割的。

**2. 健全施工机械安全管理制度**

施工机械安全管理制度内容相当丰富，在第 11 章中，我们提到“三定”制度，交接班制度、持证上岗制度、岗位责任制度，安全检查制度等，施工企业与项目部要建立和完善各项机械管理制度，这是保证施工机械安全无事故的必要条件。

《建筑机械使用安全技术规程》JGJ 33—2012 是住房和城乡建设部制定和颁发的安全技术标准。它是根据机械的结构和运转特点，以及安全运行的要求，规定机械使用和操作过程中必须遵守的事项、程序及动作等基本规则，是机械安全运行、安全作业的重要保障。机械施工和操作人员认真执行这个规程，可保证机械的安全运行，防止事故的发生。

**3. 切实开展施工机械安全教育**

除了施工机械专业管理人员必须参加岗位培训和继续教育，取得建设行政主管部门颁发的专业管理人员岗位合格证书，施工机械特种作业人员必须经过特种作业人员岗位培训，取得建设行政主管部门颁发的特种作业人员操作资格证书外，建筑施工企业还应对施工机械管理和操作人员经常及时地进行机械安全教育，机械安全教育每年不得少于一次，其中包括针对专业人员进行具有专业特点的安全教育工作，所以也叫专业安全教育，以及对各种机械的操作人员进行专业技术培训和机械使用安全技术规程的学习。施工项目部应当配备国家及行业机械管理的规范、标准，定期或不定期组织机械操作人员学习与培训，提高机械操作人员业务素质。

**4. 认真组织施工机械安全检查**

施工企业应严格执行设备定期、不定期检查制度，检查时间应得到保障，企业每季、分支机构（分公司）每月，项目部每旬，作业班组每天进行检查，并做好检查记录。检查人员对检查结果负责。

施工机械设备安全检查的形式很多，譬如：日常检查（包括巡回检查，班组的班前、班中、班后岗位安全检查），定期检查（施工企业季度检查、分支机构〈分公司〉月度检查和项目部每周一次的检查等），季节性检查和节假日检查（包括针对各种气候特点的检查，以及国家法定节假日、重大节庆及活动前后组织的检查等）。

施工机械设备安全检查可以与企业综合性安全检查同时进行，也可以单独组织，还可以在机械安全活动中开展百日无事故、安全运行标兵等竞赛活动等形式进行。

施工机械设备安全检查的内容包括：一是施工机械设备管理机构和人员落实情况，以及各岗位各类人员安全责任和施工机械设备管理制度落实情况；二是机械本身的故障和安全装置的检查，主要是消除机械故障和隐患，确保安全装置灵敏可靠；三是机械安全施工生产的检查，主要是检查施工条件、施工方案、措施是否能确保机械安全生产。

施工企业与项目部都应编制机械设备安全检查计划，明确专门部门组织实施。

施工机械设备安全检查的目的是查处机械安全隐患，整改是机械安全检查的重要组成部分，也是检查结果的归宿。

### 13.3.2 控制危险源，消除安全隐患

及时识别与控制危险源，积极查处机械事故隐患，是防范施工机械事故、确保机械安全运行的关键措施。

**1. 危险源的识别与控制**

施工机械设备使用过程中，存在许多的危险因素和有害因素，即危险源。大量的危险源是导致施工机械事故的主要因素。

所谓危险源就是可能导致人员死亡、伤害、职业病、财产损失、工作环境破坏或这些情况组合的根源或状态。其中导致事故发生的可能性较大且事故发生会造成严重后果的危险源是重大危险源，譬如施工现场可能导致重大事故发生的设备、设施、场所；具有一定危险程度的分部分项工程，可能会产生不可容许或不可接受的危险作业等。

建筑施工企业和项目部应根据施工机械施工特点，辨识出危险源，列出危险源清单，一一进行评价，对重大危险源进行控制策划、建档，并对重大危险源的识别及时进行更新。危险源的识别与评价必须有文件记录。企业还应对重大危险源制定应急预案，预案应能指导企业进行施工现场的具体操作。

**2. 应急预案的制定与管理**

生产安全事故应急救援预案是针对可能发生的事故，为迅速、有序地开展应急行动而预先制定的行动方案。它是事先采取的防范措施，将可能发生的等级事故损失和不利影响减少到最低的有效办法。

《中华人民共和国特种设备安全法》第六十九条规定："特种设备使用单位应当制定特种设备事故应急专项预案，并定期进行应急演练。"

建设部《建筑起重机械安全监督管理规定》第十五条、第十八条要求从事建筑机械设备尤其大型起重机械设备的安装拆卸和使用单位，均应根据各自施工特点制定相应的机械设备安全事故应急救援预案。企业机械设备安全事故应急救援预案管理的具体要求：

（1）组织制定机械设备安全事故应急救援预案，并按规定做好审批、备案、告知、公示等工作；

（2）应落实机械设备安全事故应急救援组织，明确机械设备安全事故应急救援组织第一责任人，并应明确机械设备安全事故应急救援组织人员分工和联系方式；

（3）应落实机械设备安全事故应急救援所需的器材和设备；

（4）应落实机械设备安全事故应急救援的救护单位；

（5）应定期开展机械设备安全事故的应急救援演练；

（6）对施工现场机械设备安全事故应急预案的管理提出要求。

《中华人民共和国特种设备安全法》第七十条规定："特种设备发生事故后，事故发生单位应当按照应急预案采取措施，组织抢救，防止事故扩大，减少人员伤亡和财产损失，保护事故现场和有关证据，并及时向事故发生地县级以上人民政府负责特种设备安全监督管理的部门和有关部门报告。"可见，制定机械安全事故应急预案对事故救援的重要作用。

**3. 安全隐患的查处与整改**

施工机械设备安装拆卸及使用过程中，存在着危险因素，这些危险因素如得不到有效控制，便会成为安全隐患，乃至导致施工机械安全事故。

施工机械安全事故隐患如同生产安全事故隐患，它是我们在机械安装拆卸及使用过程中未被发现或被忽视了的可能导致人身伤害或重大安全事件的意外变故或灾害。机械安全事故隐患的特征主要表现在隐蔽性，因此，尤其需要引起重视。

我们要通过各种不同形式的安全检查活动及时发现隐患，预知危险，最终达到消除机械安全事故隐患目的。

① 区别不同的事故隐患类型，按照定人员、定措施、定期限的“三定”原则制定相应整改措施；

② 发现违章指挥、违章操作、违反劳动纪律行为应当场纠正；对检查出的事故隐患及时发出隐患整改通知单；

③ 发现即发性的重大事故隐患，应采取可靠的防护措施并立即组织人员撤离危险现场；

④ 对一时不能立即整改的重大事故隐患，应登记在册，并组织专人研究整改措施，事故隐患未整改完成，不得组织施工生产；

⑤ 跟踪隐患整改信息，督促项目部，及时复查验收；

⑥ 保存隐患整改、复查验收记录。

### 13.3.3 防微杜渐，从“三防”做起

认真做好施工机械设备的防冻、防洪、防火工作，是预防施工机械事故、确保机械安全运行应该做好的具体工作。

**1. 机械防冻**

(1) 在每年冰冻前的15～20天，要布置和组织一次机械防冻检查，进行防冻教育，解决防冻设备，落实防冻措施。特别是对停置不用的设备，要逐台进行检查，放尽发动机积水，同时加以遮盖，防止雨雪融水渗入，并挂上“水已放尽”的木牌。

(2) 驾驶员在冬季使用机械和车辆，必须严格按机械防冻的规定办理，不准将机车的放水工作交给他人代做。

(3) 加用防冻液的机车，在加用前要检查防冻液的质量，确认质量可靠后方可加用。

(4) 机械调运时，必须将机内积水放尽，以免在运输过程中冻坏机械。

**2. 机械防洪**

(1) 每年雨季到来前一个月，对于在河下作业、水上作业和在低洼地施工或存放的机械，都要进行一次全面的检查，采取有效措施，防止机械被洪水损毁。

(2) 在雨季开始前，对于露天存放的停用机械，要上盖下垫，防止雨水进入而使机件锈蚀损坏。

**3. 机械防火**

(1) 机械驾驶员必须严格遵守防火规定，做到提高警惕、消灭明火。发现问题及时解决。

(2) 存放机械的场地内要配备消防设施，禁止无关人员入内。

(3) 机械车辆的停放，必须排列整齐，留出足够的通道，禁止乱停乱放，以防发生火灾时堵塞道路。

# 第 14 章　机械设备的统计台账

## 14.1　机械设备运行基础数据统计台账

### 14.1.1　固定资产的分类与折旧

**1. 固定资产的基本概念**

固定资产：使用期限在一年以上，单位价值在规定标准以上，并且在使用过程中基本保持原有物质形态的资产。

在《固定资产分类与代码》GB/T 14885 中明确了固定资产的定义。固定资产定义中，没有明确固定资产的单位价值，各企业可根据自己的实际情况，明确本企业的固定资产目录。

单位价值虽未达到规定标准，但是耐用时间在一年以上的大批同类物资，应作为固定资产管理。

固定资产使用期限较长，单位价值较高，并且能在使用过程中保持原有实物形态。生产用固定资产能在生产过程中长期使用而不改变原有的实物形态，但它的价值随着在生产过程中的磨损而逐渐降低，或者说，它的价值按时间、磨损程度逐渐地以折旧形式转移到所生产的产品成本中。在价值转移过程中，其实物状态一般并不发生明显的变化。

**2. 固定资产的分类**

（1）施工企业固定资产的划分原则：

1）使用期限在一年以上；

2）单位价值在规定标准以上。

不同时具备以上两个条件的为低值易耗品。

凡是与机械设备配套成台的动力机械（发电机、电动机），应按主机成台管理；凡作为检修更换、更新、待配套需要购置的，不论功率大小、价值多少，均作为备品、备件处理。

（2）固定资产分类

1）按经济用途分类
- 生产用固定资产
- 非生产用固定资产

2）按使用情况分类
- 使用中的固定资产
- 未使用的固定资产
- 不需用的固定资产
- 封存的固定资产
- 租出的固定资产

3）按资产的结构特征分类：
- 土地、房屋及建筑物
- 通用设备
- 专用设备
- 文物和陈列品
- 图书、档案
- 家具、用具、装具及动植物

按照固定资产的划分原则，施工机械属于固定资产的，应按照固定资产的管理方法、模式进行管理。

施工机械是施工企业资产的重要组成部分，在固定资产原值中一般占较大比重。作为企业施工生产的物质和技术基础，必须依靠资产管理达到保值增值、充分发挥效能的目的，从而进一步推动企业发展。

**3. 固定资产的折旧方法**

固定资产的折旧是对固定资产磨损和损耗价值的补偿，是固定资产管理的重要内容。

（1）基本概念

原值 $P$：原值是企业在制造、购置某项固定资产时实际发生的全部费用支出，包括制造费、购置费、运杂费、安装费、调试费和其他附加费用等。它反映固定资产的原始投资，是计算折旧的基础。

净值：净值又称折余价值，它是固定资产原值减去其累计折旧的差额，反映继续使用中的固定资产尚未折旧部分的价值。通过净值与原值的对比，可以一般地了解企业固定资产的平均新旧程度。

重置价值：重置价值又称重置完全价值，是按照当前生产条件和价格水平，重新购置固定资产时所需的全部支出。一般在企业获得馈赠或盘盈固定资产无法确定原值时，或经国家有关部门批准对固定资产进行重新估价时作为计价的标准。

增值：增值是指在原有固定资产的基础上进行改建、扩建或技术改造后增加的固定资产价值。增值额为由于改建、扩建或技术改造而支付的费用减去过程中发生的变价收入。固定资产大修理不增加固定资产的价值，但在大修理的同时进行技术改造、属于用更新改造基金等专用基金以及用专用拨款和专用借款开支的部分，应当增加固定资产的价值。

残值 $L$ 与净残值 $q$：残值是指固定资产报废时的残余价值，即报废资产拆除后余留的材料、零部件或残体的价值；净残值则为残值减去清理费后的余额。

残值率：是指残值占原值的比率。根据《中华人民共和国企业所得税法实施条例》的规定，企业应当根据固定资产的性质和使用情况，合理确定固定资产的预计净残值。固定资产的预计净残值一经确定，不得变更。固定资产残值比例一般可确认为5%。

折旧：通常把固定资产逐渐转移到成本中去的、相当于其损耗的那部分价值称为折旧，又称为折旧费。

年折旧率 $Q_b$：固定资产折旧额对其原值的比值。

折旧年限 $n$：折旧年限就是固定资产投资的回收期限。回收期过长则投资回收慢，将会影响机械正常更新和改造的进程，不利于企业技术进步；回收期过短则会提高生产成本，降低利润，不利于市场竞争。

1985年国务院发布的《国营企业固定资产折旧试行条例》中规定，一般施工机械的折旧年限在12～16年之间。1993年财政部、建设部颁发的《施工、房地产开发企业财务制度》规定，在减少一次大修周期的基础上，将施工机械的折旧年限缩短到8～12年，以加快施工机械的更新。2007年国务院颁布的《中华人民共和国企业所得税法实施条例》中规定，机械及其他生产设备最低折旧年限为10年。

(2) 计算折旧的方法

施工机械折旧应按每班折旧额和实际工作台班计算提取；专业运输车辆根据单位里程折旧额和实际行驶里程计算、提取；其余按平均年限计算、提取折旧。

1) 平均年限法（直线折旧法）。这种方法是指在机械使用年限内，平均地分摊继续的折旧费用，计算公式为：

$$Z_t=\frac{P-L}{n}$$

$$Q_b=\frac{P-L}{nP}\times100\%$$

式中 $Z_t$——第$t$年的折旧额；

$Q_b$——设备年折旧率。

2) 工作量法。对于某些价值高而又不经常使用的大型机械，采用工作时间（或工作台班）计算折旧；运输机械采用行驶里程计算折旧。

① 按工作时间计算折旧

$$Z_k=\frac{P-L}{h}$$

式中 $Z_k$——每小时（每台班）折旧额；

$h$——折旧年限内总工作时间（总台班定额）。

② 按行驶里程计算折旧

$$Z_a=\frac{P-L}{a}$$

式中 $Z_a$——每公里折旧额；

$a$——车辆总行驶里程定额。

3) 快速折旧法。从技术性能分析，机械的性能在整个寿命周期内是变化的，投入使用起初，机械性能较好、产量高、消耗少，创造的利润也较多。随着使用的延续，机械效能降低，为企业提供的经济效益也就减少。因此，机械的折旧费可以逐年递减，以减少投产的风险，加快回收资金。快速折旧法就是按各年的折旧额先高后低、逐年递减的方法计提折旧。常用的有以下几种：

① 年限总额法（年序数总额法）。这种方法的折旧率是以折旧年限序数的总和为分母，以各年的序数分子组成为序列分数数列，取数列中最大者为第一年的折旧率，然后按顺序逐年减少，其计算公式为：

$$Z_t=\frac{n+1-t}{\sum_{t=1}^{n}t}(P-L)$$

式中 $Z_t$——第$t$年折旧（第一年$t$为1，最末年$t$为$n$）。

② 双倍余额递减法。这种方法是指在不考虑固定资产预计净残值的情况下，根据每

期期初固定资产原价减去累计折旧后的金额（即固定资产净值）和双倍的直线法折旧率计算固定资产折旧的一种方法。

$$Q_b=\frac{2}{n}\times 100\%$$

式中　$Q_b$——设备年折旧率。

这种方法没有考虑固定资产的残值收入，因此不能使固定资产的账面折余价值降低到它的预计残值收入以下，即实行双倍余额递减法计提折旧的固定资产，应当在其固定资产折旧年限到期的最后两年，将固定资产净值扣除预计净残值后的余额平均摊销。

### 14.1.2　机械台账

机械台账是掌握企业机械资产状况，反映企业各类机械的拥有量、机械分布及其变动情况的主要依据，它以《固定资产分类与代码》GB/T 14885 为依据，按类组代号分页，按机械编号顺序排列，其内容主要是机械的静态情况，由企业机械管理部门建立和管理，作为掌握机械基本情况的基础资料。其应填写的表格见表 14-1。

机械台账（参考）　表 14-1

产权单位：

| 统一编号 | 机械名称 | 型号规格 | 制造厂家 | 出厂编号 | 出厂年月 | 重量（t） | 功率（kW） | 原值（元） | 启用日期 | 年检日期 | 牌照 | 备注 |
| --- | --- | --- | --- | --- | --- | --- | --- | --- | --- | --- | --- | --- |
| | | | | | | | | | | | | |
| | | | | | | | | | | | | |
| | | | | | | | | | | | | |
| | | | | | | | | | | | | |
| | | | | | | | | | | | | |
| | | | | | | | | | | | | |

1）机械原始记录的种类

机械原始记录共包括以下几种：

① 机械使用记录，是施工机械运转的记录。由驾驶或操作人员填写，月末上报机械管理部门。

② 运输车辆使用记录，是运输车辆的原始记录。由驾驶或操作人员填写，月末上报机械管理部门。

机械原始记录的填写应符合下列要求：

① 机械原始记录，均按规定的表格填写，这样既便于机械统计，又避免造成混乱。

② 机械原始记录要求驾驶或操作人员按实际工作小时填写，要准确、及时、完整，不得有虚假，机械运转工时按实际运转工时填写，见表 14-2。

③ 机械驾驶或操作人员的原始记录填写好坏，应与奖惩制度结合，作为评奖条件之一。

2）机械统计报表的种类

① 机械使用情况月报，本表为反映机械使用情况的报表，由机械使用部门根据机械使用原始记录按月汇总统计上报。

**运转统计（参考）** **表 14-2**

（每半年汇总填一次）

<table>
<tr><td colspan="2">记载日期</td><td>运转工时</td><td>累计工时</td><td>记载日期</td><td>运转工时</td><td>累计工时</td></tr>
<tr><td colspan="2"></td><td></td><td></td><td></td><td></td><td></td></tr>
<tr><td colspan="2"></td><td></td><td></td><td></td><td></td><td></td></tr>
<tr><td colspan="2"></td><td></td><td></td><td></td><td></td><td></td></tr>
<tr><td colspan="2"></td><td></td><td></td><td></td><td></td><td></td></tr>
<tr><td rowspan="4">大修理记录</td><td>进厂日期</td><td>出厂日期</td><td>承修单位</td><td>进厂日期</td><td>出厂日期</td><td>承修单位</td></tr>
<tr><td></td><td></td><td></td><td></td><td></td><td></td></tr>
<tr><td></td><td></td><td></td><td></td><td></td><td></td></tr>
<tr><td></td><td></td><td></td><td></td><td></td><td></td></tr>
<tr><td rowspan="4">事故记录</td><td>时间</td><td>地点</td><td colspan="2">损失和处理情况</td><td colspan="2">肇事人</td></tr>
<tr><td></td><td></td><td colspan="2"></td><td colspan="2"></td></tr>
<tr><td></td><td></td><td colspan="2"></td><td colspan="2"></td></tr>
<tr><td></td><td></td><td colspan="2"></td><td colspan="2"></td></tr>
</table>

② 施工单位机械设备实有及利用情况（季、年报表）。

③ 机械技术装备情况（年报），是反映各单位机械化装备程度的综合考核指标。

④ 机械保修情况（月、季、年）报表，本表为反映机械保修性能情况的报表，由机械使用部门每月汇总上报。

3）几项统计指标的计算公式和解释

为了提高机械设备的完好率，使机械设备经常处于良好的技术状态，应定期检查和校验机械设备的运转情况和工作精度，同时做好统计、评价工作，为维修（修理）计划的制定提供依据。评价机械设备管理水平的主要技术经济指标有：

① 机械设备完好率。施工期内完好的机械台数与施工期内实有的机械台数的比值。

$$机械设备完好率=\frac{施工期内完好的机械台数}{施工期内实有的机械台数}$$

机械台日完好率。施工期内制度台日中，机械设备完好台日数与制度台日数的比值。施工期内制度台日中机械设备完好台日数指本期制度台日数内处于完好状态下的机械台日数。只要机械设备完好，不管该机械是否参加了施工，都应计算完好台日数，其中包括修理不满一天的机械，但不包括在修、待修、送修在途的机械，见表 14-3。

$$机械台日完好率=\frac{施工期内制度台日中的完好台日数}{施工期内制度台日数}$$

制度台日是指日历台日数扣除节假日数。

② 机械设备利用率。指在施工期内机械实际出勤的台日（时）数与制度台日（时）数的比值。不论该机械在一日内参加生产时间的长短，都作为一个实作台日；节假日加班工作时，则在计算利用率的公式中分子和分母都加例假节日加班台日数。机械车辆单机完好、利用率统计台账见表 14-3。

$$机械台日利用率=\frac{施工期内制度台日中实际工作台日数}{施工期内制度台日数}$$

$$机械台时利用率=\frac{施工期内制度台日中实际工作台时数}{施工期内制度台时数}$$

**机械车辆单机完好、利用率统计台账（参考）** **表 14-3**

机械名称：

| 年 | 月 | 制度台日 | 完好台日 | 完好率(%) | 实作台日 | 利用率(%) | 加班台日数 | 实作台时 | | 台班或行驶里程 | | 油料消耗(kg) | | 维修情况 | | |
|---|---|---|---|---|---|---|---|---|---|---|---|---|---|---|---|---|
| | | | | | | | | 本月 | 累计 | 本月 | 累计 | 本月 | 累计 | 大修 | 中修 | 小修 |
| | | | | | | | | | | | | | | | | |
| | | | | | | | | | | | | | | | | |
| | | | | | | | | | | | | | | | | |
| | | | | | | | | | | | | | | | | |
| | | | | | | | | | | | | | | | | |
| | | | | | | | | | | | | | | | | |
| | | | | | | | | | | | | | | | | |

③ 技术装备：一般以单位施工人员所占有的机械量（台数、功率数或投资额）来计算。

$$技术装备率（元/人）=\frac{报告期内自有机械净值（元）}{报告期内职工人数（人）}$$

$$动力装备率（千瓦/人）=\frac{报告期内所有机械动力总功率（千瓦）}{报告期内职工人数（人）}$$

4）对统计报表的基本要求

① 统计报表要求做到准确、及时和完整，数字经得起检查分析，不能有水分。

② 规定的报表式样、统计范围、统计目录、计算方法和报送期限等都必须认真执行，不能自行修改或删减。

③ 逐步建立统计分析制度，通过统计分析资料，可以进一步指导生产，为生产服务。

④ 进一步提高计算机技术在设备管理中的应用。

## 14.2 机械设备能耗定额数据统计台账

机械设备能耗定额是进行单机核算的参考依据。可根据不同的工况、机况进行现场考核，在此定额基础上予以修订。

以柴油机为动力装置的施工机具可按照如下方法计算能耗：

小时柴油消耗量=比油耗×额定功率×能力利用系数×时间利用系数。

比油耗：比油耗为柴油机每单位功率在单位时间的燃油消耗量（kg/kW·h）。因比油耗与柴油机的设计、制造、机况、转速、负荷相关，且该数据多为柴油机制造商通过实验获得，所以针对多种品牌型号柴油机且可能存在多种不同工况时，可以简化地按普通直喷式或 PT 系统的柴油机取 238g/kW·h，增压（带中冷）柴油机取 210g/kW·h。

额定功率：柴油机在额定工作状态（额定转速与负荷）下能持续输出的功率值。这是柴油机的基本技术参数。

能力利用系数：能力利用系数是指施工机具在正常工况下，所承受的负荷耗用柴油机额定功率的比例。不应超过1.0，满负荷时可选0.8，大部分工况可选用0.7。工况复杂多变的施工机具则确定一个范围。

时间利用系数：时间利用系数指正常工况下，在一段连续的工作时间内，施工机具实际工作时间所占的比例。其余时间是为完成工作而必须耗用的时间。例如起重机司索工作等。工况复杂多变的施工机具则确定一个范围。部分连续工作的施工机具可以选用0.8～1.0。实际计算能耗定额时可根据其能力利用系数、时间利用系数的范围确定最低与最高能耗限额。对于工程施工专用车辆，包括自卸车、混凝土运输车、散装水泥运输车、运油车、沥青运输车、随车吊等，以及以载重车底盘为基础改制的各类专用施工机具，包括汽车起重机、沥青洒布车等，为简化计算，无论其是否处于行驶工况，都按照本公式计算单位时间能耗。

以电机为动力装置的施工机具可按如下方法计算能耗：

小时耗电量＝总装机额定功率×能力利用系数×时间利用系数×线路损耗系数

总装机额定功率：一套施工机具装备的所有电机的额定功率的总和。电机的额定功率就是电机在额定负荷下的输出功率，电机铭牌上标注有该数据。鉴于电力部门一般仅对有功功耗计收电费，且现代的电机的效率在额定负荷下基本接近1，为简化计算过程，本定额计算过程就以额定功率作依据，不必考虑电机的输入功率。同样，混凝土搅拌站等类型施工机具内的照明、监控、空调可不予计算。

能力利用系数：指施工机具在使用时其负荷的满载程度，反映在电机上，则是其输出功率所占额定功率的比例。此系数可根据施工机具的工况确定，也可根据施工机具在使用时的视在功率与功率因数确定其实际输出功率来验证。工况复杂多变的施工机具则确定一个范围。

时间利用系数：指施工机具在一段连续工作时间内，电机实际运转时间所占比例。如果电机连续运转，则可取1；对于混凝土搅拌站等多电机连续工作的施工机具因其主要的大功率电机处于连续运转，也可取1。工况复杂多变的施工机具则确定一个范围。

线路损耗系数：

此系数考虑施工机具使用时其内部控制系统、外部供电系统不可避免的电损，为简化计算，正常使用的施工机具都可取1.05。

实际计算能耗定额时可根据其能力利用系数、时间利用系数的范围确定最低与最高能耗限额。

机械设备能耗定额数据统计，见表14-4。

**施工机械能耗定额** **表14-4**

| 序号 | 机具名称 | 型号 | 功率 | 能耗种类 | 比油耗 | 能力利用系数 | 时间利用系数 | 线路损耗系数 | 能耗计量单位 | 能耗定额 | 最低能耗 | 最高能耗限额 | 备注 |
|---|---|---|---|---|---|---|---|---|---|---|---|---|---|
| | 混凝土搅拌站 | HZS60 | 110 | 电 | | 0.8 | 1.0 | 1.05 | kWh/m³ | 1.54 | | | 以固定式商品混凝土站为参考 |
| | 混凝土搅拌站 | HZS90 | 140 | 电 | | 0.8 | 1.0 | 1.05 | kWh/m³ | 1.3 | | | |
| | 混凝土搅拌站 | HZS120 | 170 | 电 | | 0.8 | 1.0 | 1.05 | kWh/m³ | 1.19 | | | |
| | 混凝土搅拌站 | HZS180 | 230 | 电 | | 0.8 | 1.0 | 1.05 | kWh/m³ | 1.07 | | | |

续表

| 序号 | 机具名称 | 型号 | 功率 | 能耗种类 | 比油耗 | 能力利用系数 | 时间利用系数 | 线路损耗系数 | 能耗计量单位 | 能耗定额 | 最低能耗 | 最高能耗限额 | 备注 |
|---|---|---|---|---|---|---|---|---|---|---|---|---|---|
| | 混凝土输送泵 | HBT60-D | 115 | 柴油 | 210 | 0.6—0.8 | 1.0 | | kg/h | | 14.5 | 19.3 | 以三一产品为参考 |
| | 混凝土输送泵 | HBT80-D | 186 | 柴油 | 210 | 0.6—0.8 | 1.0 | | kg/h | | 23.4 | 31.2 | |
| | 混凝土运输车 | 9$m^3$ | 247 | 柴油 | 190 | 0.6 | 1.0 | | kg/h | 28.2 | | | 综合路况，连续行驶 |
| | 混凝土运输车 | 12$m^3$ | 247 | 柴油 | 190 | 0.6 | 1.0 | | kg/h | 28.2 | | | |
| | 混凝土输送泵车 | 37m | 287 | 柴油 | 190 | 0.8 | 0.8 | | kg/h | 34.9 | | | 以五十铃底盘为参考 |
| | 混凝土输送泵车 | 46m | 287 | 柴油 | 190 | 0.8 | 0.8 | | kg/h | 34.9 | | | |
| | 汽车起重机 | QY20 | 176 | 柴油 | 190 | 0.6 | 0.7 | | kg/h | 14.0 | | | 以中联产品为参考 |
| | 汽车起重机 | QY25 | 199 | 柴油 | 190 | 0.6 | 0.7 | | kg/h | 15.9 | | | |
| | 汽车起重机 | QY50 | 247 | 柴油 | 190 | 0.6 | 0.7 | | kg/h | 19.7 | | | |
| | 塔式起重机 | TC6015A | 53.5 | 电 | | 0.4—0.8 | 0.5—0.8 | 1.05 | kWh/$m^3$ | | 11.2 | 36.0 | 以中联产品为例 |
| | 塔式起重机 | TC7030B | 80.5 | 电 | | 0.4—0.8 | 0.5—0.8 | 1.05 | kWh/$m^3$ | | 16.9 | 54.1 | |
| | 塔式起重机 | C5013 | 33 | 电 | | 0.4—0.8 | 0.5—0.8 | 1.05 | kWh/$m^3$ | | 6.9 | 22.2 | 以川建产品为例 |
| | 塔式起重机 | F023B | 69 | 电 | | 0.4—0.8 | 0.5—0.8 | 1.05 | kWh/$m^3$ | | 14.5 | 46.4 | |
| | 施工升降机 | SC100 | 22 | 电 | | 0.4—0.8 | 0.2—1.0 | 1.05 | kWh/$m^3$ | | 1.8 | 18.5 | |
| | 施工升降机 | SC200 | 33 | 电 | | 0.4—0.8 | 0.2—1.0 | 1.05 | kWh/$m^3$ | | 2.8 | 27.7 | |
| | 装载机 | ZL30 | 85 | 柴油 | 210 | 0.4—0.8 | 0.8 | | kg/h | | 5.7 | 11.4 | YC6105系列柴油机 |
| | 装载机 | ZL50 | 162 | 柴油 | 210 | 0.4—0.8 | 0.8 | | kg/h | | 10.9 | 21.8 | YC6108系列柴油机 |
| | 挖掘机 | 1m3 | 100 | 柴油 | 210 | 0.6—0.8 | 0.8 | | kg/h | | 10.1 | 13.4 | 以三一产品为例 |
| | 挖掘机 | 2m3 | 248 | 柴油 | 210 | 0.6—0.8 | 0.8 | | kg/h | | 25 | 33.3 | |

# 第 15 章　施工机械设备成本核算

施工机械成本核算是企业经济核算的重要组成部分。实行机械成本核算，就是把成本核算的方法运用到机械施工生产和经营的各项工作中，通过核算和分析，以实施有效的监督和控制，追求最佳的经济效益。施工机械成本核算包括单机核算、班组核算、维修核算等。

机械成本核算主要有机械使用费核算和机械维修费核算。

## 15.1　大型机械的使用费单机核算

### 15.1.1　机械使用费核算

机械使用费指机械施工生产中所发生的费用，包括机械作业所发生的机械使用费以及机械安拆费和场外运费，即使用成本。按核算单位可分为单机、班组、项目部、公司等级别。本书重点介绍施工机械的单机核算。

单机核算是机械核算中最基本的核算形式，它是对一台机械在一定时期内维持其施工生产的各项消耗和费用进行核算，以具体反映各项定额完成情况和经济效果，促使机械操作人员和管理人员关心机械的生产和使用成本。

**1. 核算的起点**

凡项目经理部拥有大、中型机械设备 10 台以上，或按能耗计量规定单台能耗超过规定者，均应开展单机核算工作，无专人操作的中小型机械，有条件的也可以进行单机核算，以提高机械使用的经济效果。

**2. 单机核算的内容与方法**

单机核算可分为选项核算、逐项核算、大修间隔期核算和寿命周期核算。

（1）单机选项核算：是指对几个主要指标（如产量或台班）或主要消耗定额（如燃料消耗）进行核算的一种形式。核算时用实际完成数与计划指标或定额进行比较，计算出盈亏数。这种核算简单易行，但不能反映全面情况，容易产生“顾此失彼”的后果。

单机选项核算一般核算完成产量、燃油消耗等，因为这两项是经济指标中的主要指标。表 15-1、表 15-2 为“完成产量情况”与“燃油消耗”的核算表，如核算其他项目，表式可以参照表 15-1、表 15-2 自行拟定。

（2）单机逐项核算：是指按月、季（或施工周期）对机械使用费收入与台班费组成中各项费用的实际支出（有些项目无法计算时，可采用定额数）进行逐项核算，计算出单机使用成本的盈亏数。这种核算形式内容全面，不仅能反映单位产量上的实际成本，而且能了解机械的合理使用程度，并可进一步了解机械使用成本盈亏的主、客观原因，从而找出降低机械使用成本的途径。

**单机选项核算表（参考）** **表 15-1**

机械编号 年 月 日

| 日期 | 机械名称 | 运转台时 | 完成产量情况 | | | | 油料消耗(kg) | | | | | | 节(－)超(＋) | | |
|---|---|---|---|---|---|---|---|---|---|---|---|---|---|---|---|
| | | | 单位 | 定额 | 实际 | 增(＋)减(－) | 汽油 | | 柴油 | | 其他油料 | | 汽油 | 柴油 | 其他油料 |
| | | | | | | | 应耗 | 实耗 | 应耗 | 实耗 | 应耗 | 实耗 | | | |
| | | | | | | | | | | | | | | | |
| | | | | | | | | | | | | | | | |
| | | | | | | | | | | | | | | | |
| | | | | | | | | | | | | | | | |
| | | | | | | | | | | | | | | | |
| 经济效果： | | | | | | | | | | | | | | | |

核算员： 机长（驾驶员）：

**选项核算表（参考）** **表 15-2**

车辆编号 年 月 日

| 日期 | 车种 | 规格型号 | 完成运输(t·km) | | | | | 油料消耗(kg) | | | | | | 节(－)超(＋) | | |
|---|---|---|---|---|---|---|---|---|---|---|---|---|---|---|---|---|
| | | | 重驶公里 | 空驶公里 | 计划 | 实际 | 超(＋)亏(－) | 汽油 | | 柴油 | | 其他油耗 | | 汽油 | 柴油 | 其他油耗 |
| | | | | | | | | 应耗 | 实耗 | 应耗 | 实耗 | 应耗 | 实耗 | | | |
| | | | | | | | | | | | | | | | | |
| | | | | | | | | | | | | | | | | |
| | | | | | | | | | | | | | | | | |
| | | | | | | | | | | | | | | | | |
| | | | | | | | | | | | | | | | | |
| | | | | | | | | | | | | | | | | |
| 经济效果： | | | | | | | | | | | | | | | | |

核算员： 驾驶员：

（3）大修间隔期费用核算：它是以上次大修（或新机启用）到本次大修的间隔期作为核算期，对机械使用费的总收入与各项支出进行比较的核算。由于机械使用中有些项目的支出间隔较长（如某些设备替换或较大的修理，几个月甚至几年才发生一次），进行月、季度核算不能准确反映机械的实际支出。因此，按大修间隔期核算能较为准确地反映单机运行成本。由于大修间隔期一般需要 3～5 年，需要具备积累资料的条件。

（4）寿命周期费用核算：它是对一台机械从购入到报废整个过程中的经济成果的核算。这种核算能反映机械整个寿命周期的全部收入、支出和经济效益，从中得出寿命周期费用构成比例和变化规律的分析资料，作为完善机械管理的依据，并可对改进机械的设计、制造和选购提供资料。

**3. 单机核算台账**

单机核算台账（表 15-3）是一种费用核算机制，一般将机械使用期内的实际收入与实际支出进行比较，考核单机的经济效益如何，是节约还是超支，一目了然。

**4. 核算期限**

一般每月进行一次，如有困难也可每季进行一次。每次核算的结果要定期向群众公布，以增强管理的透明度，激发群众的自觉意识。

**单机核算台账（参考）** **表 15-3**

机械名称： 编号： 机长（驾驶员）：

<table>
<tr><td rowspan="3">年</td><td rowspan="3">月</td><td colspan="5">实际完成数量及收入</td><td colspan="12">各项实际支出(元)</td><td rowspan="3">节(+)<br>超(-)</td></tr>
<tr><td colspan="2">台班收入</td><td colspan="2">吨公里收入</td><td rowspan="2">合计<br>(元)</td><td rowspan="2">折旧费</td><td rowspan="2">大修费</td><td rowspan="2">维修费</td><td rowspan="2">保养费</td><td rowspan="2">配件费</td><td rowspan="2">设备替换费</td><td rowspan="2">燃料、润滑油费</td><td rowspan="2">工资奖金</td><td rowspan="2">管理费</td><td rowspan="2">事故费</td><td rowspan="2">其他</td><td rowspan="2">合计<br>(元)</td></tr>
<tr><td>数量</td><td>金额<br>(元)</td><td>数量</td><td>金额<br>(元)</td></tr>
<tr><td></td><td></td><td></td><td></td><td></td><td></td><td></td><td></td><td></td><td></td><td></td><td></td><td></td><td></td><td></td><td></td><td></td><td></td><td></td><td></td></tr>
<tr><td></td><td></td><td></td><td></td><td></td><td></td><td></td><td></td><td></td><td></td><td></td><td></td><td></td><td></td><td></td><td></td><td></td><td></td><td></td><td></td></tr>
<tr><td></td><td></td><td></td><td></td><td></td><td></td><td></td><td></td><td></td><td></td><td></td><td></td><td></td><td></td><td></td><td></td><td></td><td></td><td></td><td></td></tr>
<tr><td></td><td></td><td></td><td></td><td></td><td></td><td></td><td></td><td></td><td></td><td></td><td></td><td></td><td></td><td></td><td></td><td></td><td></td><td></td><td></td></tr>
<tr><td></td><td></td><td></td><td></td><td></td><td></td><td></td><td></td><td></td><td></td><td></td><td></td><td></td><td></td><td></td><td></td><td></td><td></td><td></td><td></td></tr>
</table>

### 15.1.2 核算时应具备的条件

（1）要有一套完整而先进的修理定额作为核算依据。

（2）要有健全的原始记录，要求准确、齐全、及时，同时要统一格式、内容及传递方式等。

（3）要有严格的物资领用制度，材料、油料发放时，要做到计量准确、供应及时、记录齐全。

（4）要有明确的单机原始资料的传递速度。

### 15.1.3 机械的经济分析

机械经济分析是机械经济核算的组成部分，它是利用经济核算资料或统计数据，对机械施工生产经营活动的各种因素，进行深入、具体的分析，判别有影响的因素及其影响程度，找出存在的问题和原因，以便采取改进措施，提高机械使用管理水平和经济效益。

**1. 机械经济分析的内容**

（1）机械产量（或完成台班数）。这是经济分析的中心，通过分析来说明生产计划是否完成及其原因，以及各项技术经济指标变动对计划完成的影响，从而反映机械管理工作的全貌。分析时，要对机械产量、质量、安全性、合理性等进行分析，还要在施工组织、劳动力配备、物资供应等方面进一步说明对机械生产的影响。

（2）机械使用情况分析。合理使用机械，定期维护保养，是保证机械技术状况良好的必要条件。对机械使用状况的分析，在于指出机械使用、维修等方面存在的问题，控制机械技术状况变化对机械生产计划完成的影响程度。

（3）机械使用成本和利润的分析。机械经营的目标是获得最优的经济效益。根据经济核算获得机械使用成本的盈亏数，进一步分析机械使用各项定额的完成情况，从中找出影响机械使用成本的主要因素，提出相应的改进措施。

成本是以货币数量来反映机械经营管理的综合性指标。机械产量的高低，使用费的超支或节约，机械利用率、劳动生产率、物资消耗率以及机械维护保养等各项工作的经济成果，最终都反映到成本上来。因此，对机械使用成本作系统、全面的分析，是经济分析的主要内容。

(4) 机械经营管理工作的分析。这是机械经营单位根据经济核算资料，包括各项技术经济指标和定额的完成情况，对机械经营管理工作全面、深入地进行分析，从中找出存在问题和薄弱环节，据此提出改进措施，提高机械经营管理水平。

此外，还可以对物资供应和消耗、维修质量和工期，以及劳动力的组成和技术熟练程度等方面进行分析。

**2. 机械经济分析的方法**

机械经济分析主要有以下几种方法，可根据分析的对象和要求选用，也可以综合使用。

(1) 比较法。比较法是运用最广泛的一种分析法，具有对各项指标进行一般评价的作用。它是以经济核算取得的数据进行比较分析，以数据之间的差异为线索，找出产生差异的原因，采取有效的解决措施。在进行比较时应注意指标数字的可比性，不同性质的指标不能相比。指标性质相同，也要注意它们的范围、时间、计算口径等是否一致。常用的有以下几种：

① 实际完成数与计划数或定额数比较，用以检查完成计划或定额的程度，找出影响计划或定额完成的原因，采取改进措施。

② 本期完成数与上期完成数比较，了解不同时期升降动态，巩固成绩，缩短差距。

③ 与历史先进水平或同行业先进水平比较，采取措施，赶超先进水平。

(2) 因素分析法。这是对因素的影响做定量分析的方法。当影响一个指标的因素有两个以上时，要分别计算和分析这两个因素的影响程度。因素分析法一般采用替换法，即列出计算公式，用改变了的因素数字替代原来的数字，比较其差异，以确定各因素的影响程度。

(3) 因素比较法。对影响某一指标的各项因素加以比较，找出影响最大的因素。例如：机械施工直接成本中，材料费占 70%，机械费占 18%，人工费占 12%，加以比较后可以看出降低材料费是主要因素。

(4) 综合分析法。把若干个指标综合在一起，进行比较分析，通过指标间相互关系和差异情况，找出工作中的薄弱环节和存在问题的主要方面。分析时可使用综合分析表格、排列图、因果分析图等方法。

## 15.2 中小型机械的使用费班组核算

由班组管理的中小型机械，适合于班组核算。班组核算与单机核算在项目核算中互为补充，结合起来运用，班组核算的内容主要有以下 3 个方面：

(1) 完成任务和收入：完成任务可按产量、台班定额考核，收入可按产量，也可按承揽工程中建筑机械使用费计算，或按使用台班数折合台班费计算。

(2) 施工机械的消耗支出：包括机械台班费组成的各项费用支出，按定额考核。

(3) 采取改进措施：根据考核期中的分项收入、支出费用核算其盈亏数，通过分析，找出薄弱环节，采取改进措施。

## 15.3 机械设备的维修保养费核算

### 15.3.1 单机大修理成本核算

单机大修理成本核算是由修理单位对大修竣工的机械按照修理定额中划分的项目，分项计算其实际成本。其中主要项目有：

(1) 工时费：按实际消耗工时乘以工时单价，即为工时费。工时单价包括人工费、动力燃料费、工具使用费、固定资产使用费、劳动保护费、车间经常费、企业管理费等项的费用分摊，由修理单位参照修理定额制定。

(2) 配件材料费：如采取按实报销，则应收支平衡；如采取配件材料费用包干，则以实际发生的配件材料费与包干费相比，即可计算其盈亏数。

(3) 油燃料及辅料：包括修理中加注和消耗的油燃料、辅助材料等。燃料及辅料一般按定额结算，根据定额费用和实际费用相比，计算其盈亏数。

上述各项构成机械大修实际成本，与计划成本（修理定额）对比，可计算出一台机械大修理成本的盈亏数。

### 15.3.2 机械保养、维修成本核算

各等级维护保养是在加强单机考核的基础上，把单台施工机械一定时间内消耗的维修费用累计，找出维护保养费用消耗最多的，以便有计划、有针对性地制定措施，降低维修费用。施工机械保养项目有定额的，可将实际发生的费用和定额相比，核算其盈亏数。对于没有定额的保养、维修项目，应包括在单机或班组核算中，采取维修承包的方式，以促进维修工与操作工密切配合，为降低或减少机械维修费用而共同努力。

# 第 16 章　施工机械设备资料

施工机械是企业重要的生产资料，企业应建立大型施工机械设备档案管理办法和施工项目设备内业资料管理制度，建立、收集、整理相关施工机械安全技术档案；无论企业自身管理，还是国家监管部门均需要查验相应设备的档案资料，通常施工机械档案的分类方式如下：

按档案资料的功能分有：经济管理资料、技术管理资料、安全管理资料等；

按档案资料的性质分有：资产管理资料、技术改造资料、安全使用资料等；

按档案资料的形式分有：原始资料、积累资料等。

## 16.1　施工机械原始证明文件资料

施工机械的原始证明资料包括：销售发票、购销合同、制造许可证、产品合格证、备案证明等原始资料；进口设备还应有原产地证明和商检证明、配套提供的质量合格证明、检测报告等。

### 16.1.1　技术档案的基础资料

施工机械资产管理的基础资料包括：机械登记卡片、机械台账、机械清点表和机械档案等。

（1）机械登记卡片

机械登记卡片是反映机械主要情况的基础资料，其主要内容为：正面是机械各项自然情况，如机械和动力的形式、规格，主要技术性能，附属设备等情况；反面是机械主要动态情况，如机械运转、修理、改装、机长变更、事故等记录，如表 16-1 所示。

机械登记卡片由产权单位机械管理部门建立，一机一卡，按机械类别、编号排列，由专人负责管理，及时填写和登记。本卡片应随机转移，报废时随报废申请表送审。

（2）机械台账

机械台账是掌握企业机械资产状况，反映企业各类机械的拥有量、机械分布及其变动情况的主要依据，它以《固定资产分类与代码》GB/T 14885—2010 为依据，按类组代号分页，按机械编号顺序排列，其内容主要是机械的静态情况，由企业机械管理部门建立和管理，作为掌握机械基本情况的基础资料，其应填写的表格见表 16-2。

机械原始记录的种类

1）机械原始记录共包括以下几种：

① 机械使用记录，是施工机械运转的记录。由驾驶或操作人员填写，月末上报机械管理部门。

② 运输车辆使用记录，是运输车辆的原始记录。由驾驶或操作人员填写，月末上报机械管理部门。

**机械登记卡（参考）** 表 16-1

<table>
<tr><td>名称</td><td></td><td>规格</td><td></td><td>管理编号</td><td></td></tr>
<tr><td>厂牌</td><td></td><td>应用日期</td><td></td><td>重量(kg)</td><td></td></tr>
<tr><td></td><td></td><td>出厂日期</td><td></td><td>长×宽×高(mm)</td><td></td></tr>
<tr><td></td><td>厂牌</td><td>型式</td><td>功率</td><td>号码</td><td>出厂日期</td></tr>
<tr><td>底盘</td><td></td><td></td><td></td><td></td><td></td></tr>
<tr><td>主机</td><td></td><td></td><td></td><td></td><td></td></tr>
<tr><td>副机</td><td></td><td></td><td></td><td></td><td></td></tr>
<tr><td>电机</td><td></td><td></td><td></td><td></td><td></td></tr>
<tr><td rowspan="5">附属设备</td><td>名称</td><td>规格</td><td>号码</td><td>单位</td><td>数量</td></tr>
<tr><td></td><td></td><td></td><td></td><td></td></tr>
<tr><td></td><td></td><td></td><td></td><td></td></tr>
<tr><td></td><td></td><td></td><td></td><td></td></tr>
<tr><td></td><td></td><td></td><td></td><td></td></tr>
</table>

<table>
<tr><td>前轮</td><td rowspan="3">规格</td><td></td><td rowspan="3">气压</td><td></td><td rowspan="3">数量</td><td></td><td rowspan="3">备胎</td><td></td></tr>
<tr><td>中轮</td><td></td><td></td><td></td><td></td></tr>
<tr><td>后轮</td><td></td><td></td><td></td><td></td></tr>
</table>

<table>
<tr><td>来源</td><td></td><td rowspan="5">移动调拨记录</td><td>日期</td><td>调入</td><td>调出</td></tr>
<tr><td>计入日期</td><td></td><td></td><td></td><td></td></tr>
<tr><td>原值</td><td></td><td></td><td></td><td></td></tr>
<tr><td>净值</td><td></td><td></td><td></td><td></td></tr>
<tr><td>折旧年限</td><td></td><td></td><td></td><td></td></tr>
</table>

<table>
<tr><td rowspan="3">更新</td><td>时间</td><td>更新改装内容</td><td>价值</td><td>备注</td></tr>
<tr><td></td><td></td><td></td><td></td></tr>
<tr><td></td><td></td><td></td><td></td></tr>
</table>

填写日期 年 月 日

**机械台账（参考）** 表 16-2

**产权单位：**

| 统一编号 | 机械名称 | 型号规格 | 制造厂家 | 出厂编号 | 出厂年月 | 重量(t) | 功率(kW) | 原值(元) | 启用日期 | 年检日期 | 牌照 | 备注 |
|---|---|---|---|---|---|---|---|---|---|---|---|---|
| | | | | | | | | | | | | |
| | | | | | | | | | | | | |
| | | | | | | | | | | | | |
| | | | | | | | | | | | | |
| | | | | | | | | | | | | |
| | | | | | | | | | | | | |

2）机械原始记录的填写应符合下列要求：

① 机械原始记录，均按规定的表格填写，这样既便于机械统计，又避免造成混乱。

② 机械原始记录要求驾驶或操作人员按实际工作小时填写，要准确、及时、完整，不得有虚假，机械运转工时按实际运转工时填写。

③ 机械驾驶或操作人员的原始记录填写好坏，应与奖惩制度结合，作为评奖条件之一。

### 16.1.2 机械技术档案

（1）机械技术档案是指机械自购入（或自制）开始直到报废为止整个过程中的历史技术资料。机械技术档案能系统地反映机械物质形态的变化情况，是机械管理不可缺少的基础工作和科学依据，应由专人负责管理。

（2）机械技术档案由企业机械管理部门建立和管理，主要包括：

1）机械随机技术文件，包括使用保养维修说明书、出厂合格证、零件装配图册、随机附属装置资料、工具和备品明细表、配件目录等；

2）新增（自制）或调入的批准文件；

3）安装验收和技术试验记录；

4）改装、改造的批准文件和图纸资料；

5）送修前的检测鉴定、大修进厂的技术鉴定、出厂检验记录及修理内容等有关技术资料；

6）事故报告单、事故分析及处理等有关记录；

7）机械报废技术鉴定记录；

8）机械交接清单；

9）其他属于本机的有关技术资料。

（3）A、B类机械设备使用时必须建立设备使用登记书，主要记录设备使用状况和交接班情况，由机长负责运转的情况登记。应建立设备使用登记书的设备有：塔式起重机、外用施工电梯、混凝土搅拌站（楼）、混凝土输送泵等主要机械。

（4）企业机械管理部门负责A、B类机械设备的申请、验收、使用、维修、租赁、安全、报废等管理工作。要做好统一编号，统一标识。

（5）机械设备的台账和卡片是反映机械设备分布情况的原始记录，应建立专门账、卡档案，要求台账、卡片、实物三相符。

（6）各部门应指定专门人员负责对所使用的机械设备进行技术档案管理，做好编目归档工作，办理相关技术档案的整理、复制、翻阅和借阅工作，并及时为生产提供设备的技术性能依据。

（7）已批准报废的机械设备，其技术档案和使用登记书等均应保管，定期编制销毁。

（8）施工机械履历书是一种单机档案形式，由机械产权单位建立和管理，作为掌握使用情况、进行科学管理的依据。其主要内容有：

1）试运转及走合期记录；

2）运转台时、产量和消耗记录；

3）保养、修理记录；

4）主要机件及轮胎更换记录；
5）机长更换交接记录；
6）检查、评比及奖惩记录；
7）事故记录。

## 16.2 施工机械安全技术验收资料

### 16.2.1 施工机械技术档案的建立

出租单位、自购建筑起重机械的使用单位，应当建立建筑起重机械安全技术档案。建筑起重机械安全技术档案应当包括以下资料：

1）购销合同、制造许可证、产品合格证、安装使用说明书、备案证明等原始资料；

2）定期检验报告、定期自行检查记录、定期维护保养记录、维修和技术改造记录、运行故障和生产安全事故记录、累计运转记录等运行资料；

3）历次安装验收资料。

### 16.2.2 机械资产盘点

按照国家对企业固定资产进行清查盘点的规定，在每年年终，由企业财务部门会同机械管理部门和使用保管单位组成机械清查小组，对机械固定资产进行一次现场盘点。盘点中要查对实物，核实分布情况及价值，做到台账、卡片、实物三相符。

盘点工作必须做到及时、深入、全面、彻底，在清查中发现的问题要认真解决。如发现盘盈、盘亏，应查明原因，按有关规定进行财务处理。盘点后要填写机械资产盘点表，留存并上报。

为了监督机械的合理使用，盘点中发现下列情况应予处理：

1）如发现保管不善、使用不当、维修不良的机械，应向有关单位提出意见，帮助并督促其改进。

2）对于实际磨损程度与账面净值相差悬殊的机械，应查明原因，如由于少提折旧而造成者，应督促其补提；如由于使用维护不当，造成早期磨损者，应查明原因，作出处理。

3）清查中发现长期闲置不用的机械，应先在企业内部调剂；属于不需用的机械，应积极组织向外处理，在调出前要妥善保管。

4）盘点中如发现机械设备丢失，使用单位能提供由公安部门出具的有效证明，机械管理部门应与财务部门协调后进行处理。

5）针对清查中发现的问题，要及时修改补充有关管理制度，防止前清后乱。

## 16.3 施工机械常规安全检查记录文件

在施工现场，对施工机械安全生产检查并做好检查记录，是项目机械管理人员的首要职责，必须认真履行。项目部应建立施工机械安全管理体系，施工机械使用过程中，严格执行安全相关法规、安全技术规程、安全检查标准的规定，形成文件化的安全记录。

《建筑施工安全检查标准》（JGJ 59—2011）是对施工现场安全生产检查的重要依据；相关安全技术规程（参见第一章介绍）按机械类别规定了其特有的安全技术要求，是检查该类设备的重要依据。

按照控制程度、方式的不同，机械设备安全运行的控制项目可分为控制项目、一般项目。施工机械安全管理的各个阶段，均应同步形成安全记录。

常规安全检查是对各阶段安全管理内容的检查，包括对施工机械的安全检查、运行记录的检查等。

### 16.3.1 控制项

1. 施工现场应建立设备管理制度，管理制度应包括：采购、租赁、安装、拆除、验收、检测、保管、使用、检查、保养、维修、改造和报废等内容。

2. 特种设备的操作人员必须体检合格，经过专业培训取得建设行政主管部门颁发的操作证后方可上岗作业。

3. 施工现场不得使用国家、省、市地方公布的淘汰产品。

4. 建筑起重机械安装、拆卸必须编制专项施工方案，履行审批手续后，方可组织作业。

5. 施工现场机械设备达到报废标准或超过使用年限经评估不合格的，应及时报废，不得在施工现场使用。

6. 施工现场使用多台塔式起重机作业的，应制定防止互相碰撞的群塔作业方案。

7. 塔式起重机应安装安全监控系统，对塔式起重机的重要运行参数进行记录并控制危险发生。

8. 施工升降机可安装人脸识别系统，用于对驾驶人员身份进行识别，防止无证人员操作施工升降机。

### 16.3.2 一般项

1. 施工现场建筑起重机械安全技术档案应当包括以下资料：

1）制造许可证、产品合格证、安装使用说明书、备案证明等原始资料。

2）专项施工方案、定期检验报告、定期检查记录、定期维护保养记录、累计运转记录等运行资料。

2. 施工现场使用的建筑起重机械应在醒目部位悬挂使用登记证明。

3. 建筑起重机械安装、拆卸应符合下列规定：

1）建筑起重机械在安装、拆卸前，安装单位应及时办理告知手续。

2）建筑起重机械安装、拆卸作业前，安装单位应对安装、拆卸作业人员进行安全技术交底。

3）建筑起重机械安装、拆卸作业前，安装单位应对机械各部件、辅助起重设备、吊具等进行安全检查，符合规定后方可作业。

4）安装、拆卸作业范围应设置警戒线及明显的警示标志，非作业人员不得进入警戒范围。

5）安装、拆卸作业现场，安装单位、使用单位应安排专人进行现场监督检查。

6）建筑起重机械安装完毕后，安装单位应当对建筑起重机械进行自检、调试和试运转。

7）建筑起重机械安装完毕检测合格后，使用单位应当组织出租、安装、监理等有关单位进行验收，建筑起重机械经验收合格后方可投入使用。

8）建筑起重机械每次顶升、加节、附着后，均应重新组织验收。

4. 建筑起重机械使用安全管理应符合下列规定：

1）建筑起重机械的安全装置必须齐全、有效，不得随意调整和拆除。

2）建筑起重机械不得超载、超范围作业，恶劣天气下应停止使用。

3）实行多班作业的机械，应执行交接班制度，填写交接班记录，接班人员上岗前应认真检查。

4）按规定进行机械维修保养，并做好相应的记录。

5）使用单位定期或不定期组织设备安全检查，对查出的问题及时处理。

5. 中小型机械使用安全管理应符合下列规定：

1）中小型机械应安装稳固，用电应符合规范要求。

2）中小型机械上的外露传动部分和旋转部分应设有防护罩。室外使用的机械应搭设机械防护棚或采取其他防护措施。

3）中小型机械操作人员应经过企业培训，按照定人、定机、定岗的“三定”原则操作设备。

4）中小型机械应经验收合格，方可投入使用。

5）中小型机械应按操作说明书要求进行保养。

### 16.3.3 施工机械安全检查记录

施工机械安全检查记录，可参考表16-3执行。

**施工机械安全检查记录** **表16-3**

| 序号 | | 标准要求 | 检查结论 |
|---|---|---|---|
| 1 | 控制项 | 施工现场应建立设备管理制度，管理制度应包括：采购、租赁、安装、拆除、验收、检测、保管、使用、检查、保养、维修、改造和报废等内容 | |
| 2 | | 特种设备的操作人员必须体检合格，经过专业培训取得建设行政主管部门颁发的操作证后方可上岗作业 | |
| 3 | | 施工现场不得使用国家、省、市地方公布的淘汰产品 | |
| 4 | | 建筑起重机械安装、拆卸必须编制专项施工方案，履行审批手续后，方可组织作业 | |
| 5 | | 施工现场机械设备达到报废标准或超过使用年限经评估不合格的，应及时报废，不得在施工现场使用 | |
| 6 | | 施工现场使用多台塔式起重机作业的，应制定防止互相碰撞的群塔作业方案 | |
| 7 | | 塔式起重机应安装安全监控系统，对塔式起重机的重要运行参数进行记录并控制危险发生 | |

续表

| 序号 | | 标准要求 | 应得分 | 实得分 |
|---|---|---|---|---|
| 8 | | 施工现场建筑起重机械安全技术档案应当包括以下资料：<br>1. 制造许可证、产品合格证、安装使用说明书、备案证明等原始资料。<br>2. 专项施工方案、定期检验报告、定期检查记录、定期维护保养记录、累计运转记录等运行资料 | 2 | |
| 9 | | 施工现场使用的建筑起重机械应在醒目部位悬挂使用登记证明。 | 2 | |
| 10 | 一般项 | 建筑起重机械安装、拆卸应符合下列规定：<br>1. 建筑起重机械在安装、拆卸前，安装单位应及时办理告知手续。<br>2. 建筑起重机械安装、拆卸作业前，安装单位应对安装、拆卸作业人员进行安全技术交底。<br>3. 建筑起重机械安装、拆卸作业前，安装单位应对机械各部件、辅助起重设备、吊具等进行安全检查，符合规定后方可作业。<br>4. 安装、拆卸作业范围应设置警戒线及明显的警示标志，非作业人员不得进入警戒范围。<br>5. 安装、拆卸作业现场，安装单位、使用单位应安排专人进行现场监督检查。<br>6. 建筑起重机械安装完毕后，安装单位应当对建筑起重机械进行自检、调试和试运转。<br>7. 建筑起重机械安装完毕检测合格后，使用单位应当组织出租、安装、监理等有关单位进行验收，建筑起重机械经验收合格后方可投入使用。<br>8. 建筑起重机械每次顶升、加节、附着后，均应重新组织验收 | 2 | |
| 11 | | 建筑起重机械使用安全管理应符合下列规定：<br>1. 建筑起重机械的安全装置必须齐全、有效，不得随意调整和拆除。<br>2. 建筑起重机械不得超载、超范围作业，恶劣天气下应停止使用。<br>3. 实行多班作业的机械，应执行交接班制度，填写交接班记录，接班人员上岗前应认真检查。<br>4. 按规定进行机械维修保养，并做好相应的记录。<br>5. 使用单位定期或不定期组织设备安全检查，对查出的问题及时处理 | 2 | |
| 12 | | 中小型机械使用安全管理应符合下列规定：<br>1. 中小型机械应安装稳固，用电应符合规范要求。<br>2. 中小型机械上的外露传动部分和旋转部分应设有防护罩。室外使用的机械应搭设机械防护棚或采取其他防护措施。<br>3. 中小型机械操作人员应经过企业培训，按照定人、定机、定岗的“三定”原则操作设备。<br>4. 中小型机械应经验收合格，方可投入使用。<br>5. 中小型机械应按操作说明书要求进行保养 | 2 | |
| 13 | 优选项 | 采用远程监控技术对起重设备的运行状态进行实时监控 | 1 | |
| | | | | |
| | 检查结果 | 1. 控制项： 2. 一般项： 3. 优选项：<br>结论：<br><br>检查人： | | |

# 参 考 文 献


[1] 马记，温锦明. 机械员专业管理实务［M］. 北京：中国建筑工业出版社，2014.

[2] 马记，余宁. 机械员专业基础知识［M］. 北京：中国建筑工业出版社，2014.

[3] 马记. 机电工程常用规范理解与应用［M］. 北京：中国建筑工业出版社，2016.

[4] 贾立才，陈再杰. 机械员岗位知识与专业技能［M］. 北京：中国建筑工业出版社，2013.